U0154059

中研院院士的十堂課

探索之路

國立中央大學
National Central University

【序一】　周景揚（國立中央大學校長）

　　時代的更迭如此迅速，科技的進步如此卓犖，全都仰賴背後有一群默默耕耘的科學家，在科學界付出心力，貢獻研究成果，才會有現代的科技。因此，回首過去科技的進程，其實是建立在基礎的科學研究，猶如樹根在地下堅實扎根，才會有表面的繁花似錦；如果忽視科學，等於失去樹根，也就意味著科技發展將停滯不前。

　　今年是中央大學在臺復校六十週年，中大對於科學教育一直以來都十分重視，支持學生在科學界深造鑽研，締造許多豐碩的科研成果，從教育入手，推廣科學的重要與意義，顯望中大的科研成果能夠對人類社會做出貢獻。此外，也非常注重人文領域，中大就有屬於自己的出版中心，有一群同仁在這領域深耕，才能有如今中大的教研成就。

　　而今，《中研院院士的十堂課——探索之路》即將付梓，正是完美展現了中大對於科學教育的支持與人文領域的發展，兩者並重，強調跨領域的合作。編輯團隊來自各個科系，從籌備、採訪、撰稿、潤飾，到最後的出版刊行，都是來自中大人力，他們齊心協力、共同創作，彼此貢獻所長、分享所專，才能將此書順利完成，足見已經積累一定的實力。

　　《中研院院士的十堂課——探索之路》除了上述可見的成果，更重要的是書中所呈現出的精神與價值。《中研院院士的十堂課——探索之路》的「大師」，係指書中所訪問的中央研究院院士，他們都是我非常敬重的科學家，也是科學領域中的佼佼領導者；而「訪談」則是透過他們的行誼，給予未來莘莘學子一盞永不熄滅的明燈，一個足以師法的楷模。藉由「大師」的心路歷程，認識那些比較不為人知的背後辛酸，讓大學生或是高中生見到前賢的科研之路，或許可以激起在學界深造的決心，甚至可以啟發人生方向道路；若是，庶幾不負此書的刊行。而且閱讀大師的人生故事，同時也是對於臺灣科學界的發展，有更進一步的認識，可以看見過去科學的發展軌跡，展望未來的成長。

　　在書中不難發現，「大師」的生涯總結不過就是「堅持」二字，無論投入任何領域，只要堅持付出，持續深耕，「勿畏難，勿輕略」，總會到來發光發熱的一天。常聽人說選擇很重要，誠然，再好的選擇也只不過是找一條較容易走的道路，最重要的是堅持走下去的毅力，這才是最為可貴，也是最值得學習之處。這十篇訪談，猶如是十種不同的人生道路，我們從中吸取經驗，學習成功的關鍵，正是在任何道路上都抱有「堅持」的精神。

　　《中研院院士的十堂課——探索之路》一書，我認為有個很重要的意義，讓學子能夠看到中研院院士的大師行誼，以此成為師法典範；透過他們的口述故事，找尋成功的關鍵，學習可貴的經驗，更能藉此回顧臺灣過去數十年的科學發展進程。接手傳承，發揚於未來；依循足跡，締造豐碩成果。

　　最後，感謝所有同仁對於此書的付出及努力。是為序。

【序二】　　　朱俊彰　（教育部高等教育司司長）

　　國家人才培育應有一貫性，從大學高教深耕計畫鼓勵教學創新，重視學生個別差異及跨域學習，到高中108新課綱以「成就每一個孩子」為願景，以「自發」、「互動」及「共好」為理念，均是強調終身學習素養、通識跨域實作、問題解決能力、團隊合作態度等精神以及高中教學現場的轉變，表現教育內容不再固定，學生成為學習的主導者。而教育部也致力於提升我國學生的基礎科學學習成果，中央大學之「臺灣科學特殊人才提升計畫」（TTSS）鼓勵學生投入科學研究，可見相當付出和成果。現代大學生面對多元的社會就業環境，如何培養跨領域的合作能力以及專業知識、技能的倫理，讓未來的傑出科學家找到屬於各自的舞台發揮，是TTSS所關注的目標、也是教育部所重視的。

　　中央研究院是臺灣學術研究最高殿堂，匯集人文與科學的頂尖研究成果，培養眾多傑出的科學家與高級學術研究人才，在各個領域均有卓然的成就，同時也鼓勵學術研究，促進整體學術發展，以鞏固臺灣在科學界與人文的發展基礎，更是我國學術與教育的重要推手之一。

　　「以古為鏡，可以知興替」，從前人的經驗中，最容易認識到一個產業的發展與進步軌跡，也可以了解前人如何耕耘、如何付出，才能有今日的成就。於是，TTSS從2020年開始，著手訪問中央研究院院士，藉著臺灣頂端的科學家，他們成功的經歷、人生

故事、心路歷程與科研經驗，最後編成《中研院院士的十堂課——探索之路》。此書既是人文的薈萃，也是科學的進程；從人文的角度，認識臺灣科學界的發展。透過文字，讓我們感受他們璀璨的成就；藉由訪問，讓我們更貼近他們的人生。更可貴的是，讓學生有學習的楷模。

這本書匯聚了十位卓越科學家的故事，對於大學生來說，從院士們的口述分享，不只是樹立師法典範，更是從中獲得科研的「經驗」、相關產業的「經驗」，如同秘笈的「經驗談」，必能讓學生更具信心，也更認識科學的各個領域，對於提升科學教育水平必然有所助益。站在巨人的肩上，往往可以眺望更遠；站在院士的肩上，可以遠眺未來科學發展。看著勤勤懇懇的前輩，學習他們的治學態度；閱讀他們的歷程，也是在鼓勵學子未來投入基礎科學的研究。

提升科學人才，並非只有升級硬體設施，從人文、從「人」著手也是一條途徑，「人」就是所謂的前人、前輩，也是本書題目的「大師」，非常難得可以邀請到多位傑出的院士分享他們的人生經驗，經由「訪談」深入認識他們的心路歷程。而難得的是，十位大師都是擁有無比豐厚的科研量能，在學界累積大量研究與教學經驗，在其專業領域中享譽國際，更是對於臺灣的基礎教育與科學發展十分重視。

因此，除了在書中可以見到他們綽約的風姿，以及過往的心路歷程，同時在每段訪談的結尾，我們都可以看到院士們給予人生道路才剛剛啟航的臺灣學子一些衷心建議、諄諄之語。閱讀本書一定能夠收穫良多，相信未來的新一輩也可以讓臺灣的科學研究成果更為豐碩。

【序三】 葉永烜 （國立中央大學天文研究所教授 及計畫主持人）

我有時候覺得文字很奇妙，不只中文有著圖像造型，字中有字，連英文有時也是如此。譬喻說 LIFE 便帶有生命的涵意和解釋，L是Legacy（傳承）；I 是Identity（自我）；F 是Future（未來）；及E 是Education（教育），也就是說生命是傳承加自我加未來加教育。如四者缺一，生命便不會完整，我想學術生命亦應如此。可能有人便說臺灣的科學建設只是最近幾十年的事，不能與歐美和日本的源遠流長比較，哪來傳承？但歷史學家許倬雲院士常說的一句話：「人家走過的路，便也是我走過的路。」所以這本《中研院院士的十堂課》所說臺灣頂尖科學家求學和研究工作走過的路的故事，一方面是把他們的師承帶回家，發光發熱；一方面也成為我們的傳承了。

如果我們以科學人自我期許，那又怎樣才是一個科學人的作風呢？這可能又要用到目標的英文字「AIM」了。把AIM 拆開來便是Action（行動）、 Interest（興趣）、和 Motivation（動機），這是學習和科學工作缺一不可的人格特質。有了目標才可以叫人十年磨一劍的鍥而不捨，而非東碰一點、西碰一點，到頭來只落得十年一覺揚州夢，所得無幾。

「臺灣科學特殊人才提升計畫」起始之初便是要瞭解為何日本從2000年開始便平均每年拿一個諾貝爾獎，是有何秘訣？我曾問一

位日本諾貝爾獎得主，他給我作了仔細的分析，但這只是部份的答案。我想一個很重要的因素是日本學界還是受到所謂「Ikigai」（生き甲斐）的影響。Ikigai的意思是「每天早晨起床的理由，你生存的價值」，有著這個理念才能把一件研究工作專心鑽研，堅持到底。雖然多有失敗的情況，但一旦成功便可能很了不得。我自己認識的日本科學家不少便是如此，他們亦以此自傲，問題是如何把這個別人走過的路變成我們的路。

事實上在科學界另一個重要例子便是德國馬克斯普朗克學會，它屬下的研究所往往物色一些30出頭的科學新秀委任為所長。理由是一個新興領域從萌芽到開到茶薇大概是20-30年的時間，所以如果能夠找到一個領袖人物，予以極為充分的資源便有機會在這領域移山倒海，獨領風騷。這在臺灣可以說是聞所未聞之事，但馬普學會則是行之有年，並藉此種措施在過去20年德國得到10個諾貝爾獎中便佔了7個。這種商業模式（business model）如果可以這樣說的話，也是值得我們作為參考的。

當然，快要來臨的 AI 時代充滿了不可測性和挑戰，現在非常熱門的便是要有彈性和與時偕進的教育。使得我們的年青人不管在怎樣的環境都能夠找到舞臺，在學術界或其他領域奮鬥向前，這才是最重要的事。在這本書的中研院院士的十堂課中，我們會發現他們的科學興趣不少是來自中小學時老師的循循善誘和啟發。所以我們寶貴的中小學教師才是臺灣科學教育和成就的幕後英雄。不但把前端10%的學生培育成尖子發揮所長，也使後端10%也能夠發揮所長，這大概才是教育的真正價值。也希望這群對科學教育充滿熱情、生命力和目標的英雄教師能夠不辭勞苦，堅持到底，繼續努力，培育出新一代的中研院院士以及臺灣的諾貝爾獎主。

編輯說明

1. 臺灣科學特殊人才提升計畫工作團隊自2020年起,邀請中研院院士進行面對面訪談,並整理錄音的逐字稿,撰文輯錄編印成書,本書《中研院院士的十堂課——探索之路》結集了十位院士的訪談,為此系列第一冊。

2. 此系列製作有兩個主要目的,一、其逐字稿將可作為臺灣近代科學家的口述歷史(這種工作在臺灣尚是欠缺的);二、編印而成的書可以把對臺灣科學發展貢獻良多之科學家的學習經驗及研究工作與年輕一代學子分享。從這些楷模的故事中,引導青年從中學習及反思,啟發他們對臺灣科學發展的想像。

3. 從訪問錄音中可知這些成就非凡的科學家,他們於臺灣經歷大學以前的學習階段,及後走訪各國又回到臺灣發展,既見證了當年臺灣國小、國中及高中老師們的偉大貢獻,更側面描寫了臺灣近代的科學成就及科學教育的發展。

4. 本書依訪談時序編排,內容包括受訪院士年輕時在國內之成長及求學經歷、對其有重要啟發性的人或事、國內外的研究經驗、重要成就及給讀者的勉勵。序文三篇,作者為國立中央大學校長周景揚、教育部高等教育司司長朱俊彰、計畫主持人國立中央大學天文研究所教授葉永烜;書後編後記則為本書之編輯及訪談小組之感言。

沿著絲路探索造山的摩登地質學家

鍾孫霖院士

鍾孫霖院士

簡 歷

● 現職
中央研究院地球科學研究所特聘研究員兼所長
國立臺灣大學地質科學系特聘講座教授（合聘）

● 當選院士屆數：
第31屆（2016年，數理科學組）

● 學歷
國立臺灣大學地質學系學士（1981）、碩士（1984）、博士（1990）

● 經歷
國立臺灣大學地質學系講師（1991-1994）、副教授（1994-1998）、教授（1998-2014）、地質科學系特聘教授、講座教授（2006-2014）、特聘講座教授（合聘）（2014-迄今）
法國雷恩第一大學地質系博士後研究員（1992-1993）
澳洲塔斯馬尼亞大學地質系訪問研究員（1997）
英國牛津大學地球科學系訪問學者（2006-2007）
中央研究院地球科學研究所特聘研究員（2014-迄今）
Lithos（Elsevier）主編（2014-迄今）

● 研究專長
地質學、岩石成因學、地球化學

● 重要成就、榮譽

入選2016年全球論文高引用科學家名單國科會傑出研究獎（1999-2000 &
2003-2006）

美國地質學會會士（2005）

教育部第五十屆學術獎（數學及自然科學組）（2006）

教育部第十二屆國家講座（數學及自然科學組）（2008-2011）

美國礦物學會會士（2012）

世界科學院TWAS地球科學獎（2014）

國際地球化學學會暨歐洲地球化學學會會士（2016）

TWAS院士（天文、太空及地球科學學門院士）（2018）

「我認為別人對你有質疑，表示人家重視你、仔細讀過而且評估過你的東西，從這方面來看，質疑其實是件好事。」

「我在課堂上都告訴學生，我們在做的是『摩登地球科學』」鍾孫霖院士開宗明義地說道。他向我們解釋到，「摩登」就是modern（現代），相對於傳統的科學研究，現代地球科學越來越仰賴新的知識與科技，例如太空領域的遙測（Remote sensing）、GPS及其他和人造衛星有關的技術。地質學家廣泛地運用電腦、AI處理大量的數據，這與過去主要依靠人工測繪相較，效率大幅提升，而在知識領域不斷拓展、技術日益更新的情況下，前人無法看清的細節就愈容易顯現。從大四結緣岩石學與地球化學開始，鍾院士經歷數十年的研究、教學生涯，足跡遍布歐亞大陸，他認為地質學研究是一件「摩登」的事，如果能夠正面看待科學爭論，善用地球科學的對比特質，在文獻與山野之間穿梭自如，現代地質學的確是一個充滿樂趣的研究領域。

「自投羅網」再續地質系前緣

提起自己與地球科學的因緣，鍾院士笑稱一切都是「命運造化弄人」。

鍾院士謙稱自己原本只是個「胸無大志的青年」，就讀臺灣大學地質學系（以下簡稱「地質系」）期間，縱然選修了陳正宏教授的岩石學並對此產生興趣、考上碩士班，但即便是在畢業後當兵兩年的期間，都沒想過要與臺大地質系「再續前緣」。殊不知，就在

退伍前不久，某次休假返回臺大探望陳老師時，老師告知已申請到研究經費、將採購新儀器，徵詢他唸博士班的意願，他心裡想就試先報考也沒關係，於是「自投羅網」。博士班晚期，鍾院士得到江博明教授鼓勵，動念申請到獎學金赴法國雷恩大學隨江教授做博士後研究。此後，歷經臺大地質系講師、副教授、教授到特聘研究講座，從2014年起受聘為中央研究院地球科學研究所（以下簡稱「中研院地球所」）特聘研究員，並於2017年起兼任地球所所長。

地質學研究的二三事

談起地質學研究，鍾院士用了一個巧妙的比喻，言簡意賅地說明內容。他告訴我們，地質學家的工作，和神探福爾摩斯與鑑識專家李昌鈺有異曲同工之妙。福爾摩斯用的是腦力與邏輯，李昌鈺則借重科學鑑證，而地質學則需要觀察與綜合的能力，兼具了兩種特徵。但也因為這樣，當發現了新的技術、標本或數據，地質學的內容便會隨之變化。然而也因為技術更新、知識的開拓，研究具備變動性與未知性，或需要與前人的研究產生辯論，或者要另覓途徑，懂得從其他切入點觀看問題。

科學爭論是好的爭論

鍾院士說，不要害怕和前人建立的權威辯論，在科學的領域裡，爭論是一件好事。他說，地球科學的特性在於想像空間很大，不像數學、物理，有既定的公式需要遵循，尤其數學更是沒有妥協

的空間。在地球科學的領域中，很多自然現象仍然無法解釋，有些現象更有多解性，因此自由度更大，更適合發揮想像力。

他舉他所參與的CREATE計畫（東亞地體構造演化整合型研究計畫）為例，這是科技部地球科學領域中「史無前例」、超級「長壽」又獨特的整合型研究計畫，在2021年時已經通過第九期補助，至今執行超過二十年。然而，這個計畫的起源，其實是1995年一次針對越南紅河斷裂帶的小組研究，而且鍾院士一開始並不看好。當年針對紅河斷裂帶的活動史，已經有法國學者Paul Tapponnier帶領的國際團隊發表了幾篇精彩而詳盡的研究論文，鍾院士因此懷疑有無發展空間。不過，合作的李通藝教授卻不這麼想，說服並帶著羅清華教授與鍾院士赴越南考察，奠定基礎隨後即開始推展CREATE研究計畫。事實證明，李教授果然獨具慧眼。

鍾孫霖院士於2020年7月9日接受採訪。

　　鍾院士等人在越南紅河斷裂帶的野外考察，觀察到新的地質紀錄以及與前人不同的切入點，取回的岩石標本在臺大地質系實驗室經過詳細的分析，更讓他們得到全然不同的解釋，在1997及1998年發表了兩篇重要的論文。誠然，面對法國團隊已建立的「權威」觀點，鍾院士等人的論文在評審時，確實經歷不少質疑，但他們透過數據說話，就法國團隊論點逐一辯證，對紅河斷裂帶的活動史與其地質意義賦予新的詮釋。鍾院士說，這也是前面提到的，地球科學的「摩登」特性，也是它最有趣的地方：即使對某個關鍵議題已經有了很漂亮的研究報導，但隔了一段時間之後，隨著新的技術與知識的出現，或許就應該有不一樣的「與時俱進」的解讀。

　　在他看來，西方科學之所以持續進步，適時的辯論一直都是重要的動力之一。許多研究課題不會有絕對的答案，每組數據也可以產生多種解釋，不應該在某個科學家提出論點後即一槌定音、奉為圭臬。「我認為別人對你有質疑，表示人家重視你、仔細讀過而且評估過你的東西，從這方面來看，質疑其實是件好事。」鍾院士告訴我們。

善用地球科學的對比特性

　　地質學作為地球科學的一個分支，與板塊構造、地殼運動的關係密不可分，但也因此可能受到當代地緣政治的影響。因此，倘若遇到政治因素影響，地質學的研究工作便可以透過對照組，達到一種山不轉路轉的效果。鍾院士的研究對象從西藏往中東地區轉移，就是一個例子。

　　西藏研究是越南紅河斷裂帶研究的延續或擴展。從越南沿著紅和斷裂帶朔源追蹤，往上是雲南的哀牢山、點蒼山等地的露頭，抵達青藏高原的東南緣，CREATE團隊終於在2000年登上藏南，開始展開對印度-亞洲大陸碰撞造山的研究。然而，鍾院士在西藏的直接研究卻注定精彩卻短暫，於2006年嘎然而止。受限於氣候與環境條件，西藏只有夏天非雨季的時候適合做野外地質考察，但進藏申請的手續繁長，又逢2006年起藏區情勢開始緊張，他勢必要改變策略。首先，鍾院士的西藏研究改採「間接」方式，選擇與大陸學者合作，包括一批他曾幫忙指導過的研究生和博士後，後者現多成為國際知名的西藏地質專家。其次，他「轉進」到山腳

2003年鍾孫霖院士在西藏拉薩的哲蚌寺問津。

2015年鍾孫霖院士與其團隊於藏南喜馬拉雅大合照。

下，到緬甸和印度進行對比研究。更關鍵的是，他發掘了更廣泛而延續性的課題，提出一個地質的「絲路計畫」，特別針對高加索（Caucasus）、伊朗（Iran）和安納托利亞（Anatolia）地區所謂的CIA造山帶展開研究。相較於西藏，CIA是阿拉伯板塊與歐亞大陸南緣碰撞而成的年輕造山帶，兩個地區結合，可以對大陸碰撞造山作用的過程，從初始到成熟全程獲得更完整的認識。

　　然而，鍾院士的「絲路計畫」研究結果顯示，CIA並不是年輕版的西藏，它其實更像現今的東南亞。換言之，東南亞才是CIA的對照組。這個新認識，讓鍾院士意識到東南亞其實才是研究亞洲造山作用最好的天然實驗室。因此，從2017年起，鍾院士又將研究的重點拉回到東南亞地區，從蘇門答臘至印尼東部開始新的國際合作

2001年攝於越南，左起：李通藝教授、鍾孫霖院士、羅清華教授。

2008年鍾孫霖院士於伊朗進行野外考察。

研究。

建構研究圖景是件快樂的事

　　地質學家縱橫於野外與文獻之間，透過實驗分析與邏輯思考以堆砌研究圖景或視野（prospect）。這不由得讓人感到好奇，在這兩種性質看似截然不同的場域之間，鍾院士的切身感受，以及如何將它們串聯起來的過程。他告訴我們，地質的野外工作確實相當辛苦，但從前期規劃到實際執行的過程中，他拓展了國際人脈，見到文獻以外的真實世界，也親歷不同的文化，其實更是科研成果之外最彌足珍貴的歷程。為了讓我們更加了解地質學家爬山涉水從事野外考察的點滴，鍾院士概略地與我們分享了他在伊朗的經歷。

2012年鍾孫霖院士及其團隊在伊朗野外收集標本。

開啟中東野外地質考察合作

　　提到伊朗，由於各種隔閡，資訊多來自於西方主流媒體或網路，總是讓人聯想起戰亂、核武乃至石油禁運等關鍵字。這樣一個動盪的地區，連旅行社都少有行程，想要在此做學術研究，就十分需要機緣。鍾院士在2006年至2007年間學術休假（sabbatical）至牛津大學地球科學系訪問時，恰巧認識了研究領域相近的伊朗學者，因此在西藏研究受阻，決心將研究重心轉移至CIA地區後，他便與這位伊朗學者聯繫，兩人一拍即合，隨即開始推展合作計畫。

　　在國外執行野外地質調查，必須先做好非常仔細而繁複的各種準備。以鍾院士的伊朗考察為例，他必須主持行前會議，擬定目的地區與逐日行程，閱讀相關的文獻資料，再與伊朗合作者討論並調整細節，然後請對方協助提供詳細的區域地質圖以及其他資料，並提供必要的文件提出核准申請。舉例而言，通行文件與使用地質圖，都必須由伊朗合作者出具詳細的合作計畫書，至少提前兩三個月正式向政府申請核准。獲得正式核准並取得所有通行文件後，鍾院士的團隊才能著手訂機票，經過曼谷或杜拜中轉飛往德黑蘭，開始伊朗的驚奇之旅。

　　鍾院士扳著指頭細數合作的對象：團隊裡有地質學家、教授、博士後、研究生，以及處理大小事項的行政人員，當地的合作者還需協助租車、安排司機等事宜。他告訴我們，這個伊朗的研究計畫連續執行了四、五年，每年都去一、兩次，最後就建立了穩固的合作關係。日後再有伊朗相關的研究，這個合作關係便能給予幫助，即便這些伊朗學者、聯絡人對下一個研究地區不熟，但他們多會盡

鍾孫霖院士手捧著伊朗當
地的傳統食物烤餅，為當
地的主食之一。

其所能地協助引見，經由學者間的人脈或學校間的合作，推動新的
研究計畫。

享受文獻之外的驚喜

　　野外現場帶給鍾院士的，不只是根據既有文獻按圖索驥採取岩
石標本的經歷，還包括採集過程中發現新大陸的驚喜，以及不同的
文化體驗。

　　行前準備的採集清單，是團隊查閱大量文獻所整理出來的，但
實際到野外走那麼一遭，經常不是那麼一回事，反而處處有新發
現。真正的岩石露頭和產狀，可能和文獻圖片裡記載的樣貌不同，
或者未曾被提及，在野外當下只能做出基本的判斷、採集標本，回
到實驗室後再做詳細的實驗、分析。假如分析出來的結果和既有紀
錄不同，確實是新的發現，那麼團隊就要開始思考，找出適合解釋

並且將之更新。鍾院士說，這就是野外地質考察最有趣的所在，假如所有的東西都與文獻上如出一轍，就失去了發現的樂趣。

文獻之外的驚喜，還包括體驗異國文化。鍾院士舉指導的博士生為例。有位博士生的研究地區是伊朗南部，研究期間每年會赴伊朗至少一次，每次兩、三個星期，辛苦的野外條件和當地的生活方式總是讓他「有苦難言」。在野外的現場，他們要爬山，長時間徒步，居住在前不著村、後不著店的地方，對身體和精神來說算是某種程度的折磨。伊朗的飲食習慣也與臺灣不同，臺灣的料理多樣且精緻，伊朗當地提供的食物相對「原形」而健康。然而，即便他到了伊朗兩、三天後就開始想家鄉的夜市與小吃，懷念牛肉麵的香氣，偷偷低嚷著要盡快離開這個鬼地方，但下一次鍾院士再徵詢他

鍾孫霖院士及其團隊在伊朗體驗當地的飲食文化，席地而坐，享用當地美食。

的意願，他總是又堅定地收拾起行囊。

講到此處，鍾院士不禁有感而發。他說，許多人認為科學研究是一件需要耐得住孤獨的工作，其實，地質學者經常要走出研究室，自己豐富的國際旅行和野外經歷，更能讓教研生涯多采多姿。誠然，華人文化圈將對冒險的恐懼，投射到田野工作的未知性質上，任課班級的部分家長對此有所質疑，也曾有地質系學生覺得未來不應該走這一行，但他卻不以為然。他眼裡的野外工作，其實是讓精神放鬆的自由時間，而考察採集的辛苦成果，也讓他在研究上有更大的發揮空間。因此，即便偶遇挫折、難過，他仍然靠著一股自詡的「傻勁」堅持至今。

珍惜臺灣的研究環境

鍾院士得以徜徉在文獻與田野中，關注自己有興趣的課題，他認為這與國內的地球科學研究環境有關。國內研究環境的轉捩點是九二一，是自然災害讓民眾與政府察覺相關學術研究的重要性，才有現在相對寬裕和自由的地球科學研究環境。

九二一大地震不只震醒了國人的災防意識，也連帶讓地球科學的研究受到重視。鍾院士為我們分析到，無論是固體地球科學甚至大氣科學，他們的學術環境都與政府投資意願息息相關，而正是九二一帶來的災害，促使政策轉變，挹注更多資源在與自然災害相關的研究上。他回想，並覺得有些諷刺，在九二一發生以前，地球科學的研究經費相對拮据，但在此之後，無論是颱風、洪水或地震的研究都得以受惠。雖然以目前的科學發展而論，地球科學仍然無

法真正地做到預測，防範大規模的災難發生，但得力於日益更新的技術、儀器，他們穩定地朝向減災與評估的方向邁進，期待讓民眾所受到的影響更為減少。而這些改變，其實都與九二一震災後的反省有關。

　　鍾院士認為，另一個研究環境的優勢在於研究空間大、經費也較寬裕。他以固體地球科學為例，由於近年來西方學界更專注於環境變遷議題，因此多數研究經費都挹注到環境（Environmental）相關的課題上，開設課程也有此傾向，針對傳統地質對岩石或板塊的研究經費受到排擠，有些學者因此必須調整研究方向，但臺灣卻還沒有這種限制。正因如此，當外籍學者面對研究方向限縮與資源減少，必須向外爭取奧援的時候，臺灣自然成為他們的選擇之一。在鍾院士的觀察中，中研院地球所之所以能吸收不少優秀的外籍研究人員，某種程度上來說，研究資源結構給了很大的幫助。

　　訪談的最後，鍾院士笑著對我們說，他們研究地球化學的人，常常接觸到一些具有異常（anomalies）的標本，因此都自嘲自己也越來越與眾不同且最終將變異成為「老妖怪」。不過，這些老妖怪也不是那麼好當的。他說，最基本的條件是要能忍耐甚至享受不足為外人道也的「孤獨」，如果又願意探索和挑戰大自然，歡迎來地球科學領域裡發掘其中蘊藏的無窮樂趣。

轉換挫折，潛心研究
臺灣結晶學之母

王 瑜院士

王瑜院士

簡 歷

● 現職
　國立臺灣大學化學系特聘研究講座
　中央研究院原分所特聘研究講座

● 當選院士屆數
　第28屆（2010年，數理科學組）

● 學歷
　國立臺灣大學化學系學士（1966）
　美國伊利諾大學博士（1973）

● 經歷
　美國紐約州立大學化學系博士後研究（1973-1974）
　加拿大國科會化學所助理研究員（1974-1979）
　國立臺灣大學化學系副教授（1979-1981）、教授（1981-2011）、特聘
　研究講座（2011-迄今）
　臺灣結晶學會會長（1995-2004）
　行政院國科會自然科學發展處研究員兼處長（1998-2001）
　國立臺灣大學理學院院長（2002-2005）
　亞洲結晶學會會長（2002-2004）
　國際結晶學會電荷自旋動量密度學術委員會會長（2005-2008）
　國立臺灣大學終身特聘教授（2006-2011）
　中國化學會誌主編（2006-2014）
　中央研究院副院長（2014-2016）

●研究專長

結晶學、過渡金屬錯合物的結晶場理論、X光吸收光譜

●重要成就、榮譽

教育部傑出研究獎（1984）

國科會三度傑出研究獎（1987-1995）

中山學術獎（1990）

教育部學術獎（1998）

傑出人才講座（2002）

中國化學會學術獎（2004）

教育部國家講座（2005）

臺灣傑出女科學家獎（2009）

斐陶斐傑出成就獎（2009）

中國化學會化學服務獎章（2010）

張昭鼎紀念講座（2015）

王瑜院士於2020年7月18日接受採訪。

「我們做研究的過程當中一定會碰到失敗，然後要去找原因，找原因才能夠解決問題，所以失敗其實就是給你學習的機會，一次就成功了等於什麼也沒學到。」

坎坷的重考之旅

「我一向比較喜歡數理科。」談到從小求學的經歷時，王瑜院士是這麼說的，這也是之後步入化學領域的原因之一。

王瑜院士的近照。

從國小開始，王瑜院士就喜歡一些富有邏輯性、有條理性的科目與學習模式，而不喜歡那些死記硬背的讀書方法。之後進入新竹女中的初中部讀書，一路到了高中部，依然認定自己將來要往數理方向發展，於是高三選組的時候，毫不猶豫地選了甲組，也就是專門考理工科系的組別。

待聯考成績放榜，不盡理想，因為當時數學考題非常難，甚至不少考生都是零分收場，再加上國文與三民主義所考的是作文，而作文評分相對比較主觀一點，因此所得分數也不高。許多身邊竹女

王瑜院士高中時期。　　　　　　王瑜院士大學時期。

的同學,考試成績亦不甚佳,很多人無奈只能選擇重考。十分可惜的,王瑜院士無法如願考到第一志願的臺大醫科,反而是考上當時師大的理化系的物理組。

　　考上師大,抱著試試看的心理讀了一年,後來想了一想,決定還是再給自己一次力爭上流的機會,於是重考一次。這次,順利的錄取臺大的藥學系。在藥學系大一所學的都是基礎科目,並沒有特別的專門課程,學起來是如魚得水,沒什麼壓力。然而大二、大三的課程要求背下很多的專有名詞,像是細胞、或是神經等等,這正是王瑜院士最不適應的學習模式,因此萌生出了轉到化學系的想法。經過一番努力之後,大二那年成功轉到化學系,也翻開了人生新的章節。

無形的背後助力

那時候的臺灣社會，有兩種常見的情況，一是對於女性受教育保持傳統的刻板觀念，很多家庭甚至認為女生不用讀太多的書；二是因為家庭環境或是經濟因素，從而導致學生在面對選科系的分歧點，往往選擇容易找到工作，相對更加具有實用性質的科系，如師範或是商專，畢業之後可以進入學校謀取教職，或是可以馬上找到一份薪資待遇都不錯的職缺。因此在家長與環境的雙重壓力下，可能無法挑選自己喜歡的科系就讀，而遷就社會的主流意識，選擇可能是自己不喜歡的領域。

然而，王瑜院士十分幸運，「我的父母親只要是你願意唸書，他們就盡量支持你，至於說學哪一門，他們都沒什麼意見。」相對當時許多家庭、家長，王瑜院士父母的想法較為開明，無條件支持她的任何選擇。因此對於重考大學的想法，後來又從有藥劑師工作保障的藥學系，轉到找工作較為辛苦一點的化學系，雙親也都沒有多加任何阻礙，反而是以支持的態度鼓勵她繼續努力。

「其實在我那個時代，我算是蠻幸運的。」王瑜院士回憶道。因為彼時的家長往往有一種觀念，「就是說女孩子念那麼多書幹嘛？」甚至王瑜院士的高中學姊還要偷偷的從新竹跑到臺北考大學，不敢跟任何人說，因為怕被取笑。然而，這一切的壓力，全都避開了王瑜院士。在父母的支持之下，後來得以留學美國伊利諾大學（University of Illinois），在化學領域持續精進、深造，並且發光發熱，成為貢獻卓犖的頂尖學者。

大學的經驗積累

回憶起在大學讀化學系的課程，大一到大三都以基礎知識與學術培養為主，即使有實驗課程，也是一定的題目，或是答案，順著步驟就可以完成；大四的課程則相對少了許多，以專題研究與書面報告為主。「書報討論是每一個人在學期當中，準備一個演講的題目，從文獻裡面收集資料後，完整呈現在全班同學面前。」

這樣的訓練跟讀書考試有很大的不同，「選好了題目去整理，要把它很有條理的呈現出來，講給同學和老師聽，同時可以接受大家問問題，訓練一個學生的表達，統整及反應能力。」對於未來進入研究或職場有很大的助益。

另外一個很好的訓練就是專題研究，這就是從事專業領域的研究，最後要寫成一篇論文，通過這些實驗與研究的過程，可以很好的培養未來的研究素養，「我覺得這個就是培養耐心，然後也不是一直重複做，就是要一面想一面做。」實驗不可能一次就成功，總是要反覆試驗，並隨時檢討自己的步驟與方式，還要將每個細節記錄下來。這些經驗的積累，都為王瑜院士日後從事學術研究打下紮實基礎。

除此之外，還可以檢視到底自己適不適合做這樣不斷且費腦力的事情，「每天都要想同樣的事情，但是有固定的目標，所以在訓練當中，體會到自己是不是喜歡並適合做研究工作。」透過大四嘗試學術研究的經驗裡，王瑜院士發現自己很喜歡做這樣的工作，也能夠欣然接受失敗的經驗，適合從事研究工作。於是，畢業之後決定前往美國去找尋更好的學術環境與資源。

勇敢的越過藍海

　　臺大化學系畢業之後，面臨是否出國讀研究所的抉擇，那時的資訊傳播不比現在如此發達，對於國外生活的情況知之甚少。若要下定決心，獨自離家千里，無依無靠的前往異地，出國留學必然是一條艱辛的道路。「所以那個時候就覺得出國唸書可能是蠻辛苦的。」然而為了獲得更好的學習環境與研究資源，再加上班上同學大約有九成都選擇畢業後直接出國留學，即使將會是充滿辛苦與未知，王瑜院士卻覺得值得跨越海洋，追尋更高的學術殿堂。

　　國外大學程度好的研究所，相較彼時的臺灣學校，無論是研究環境、器材設備都更勝一籌，優良的學術風氣亦是使學生嚮往的原因。當時候的臺大的研究所，一年的博士招生人數大概只有一兩位，整個博士班同學寥寥可數，同儕間不易有砥礪督促的氣氛，不像當年王瑜院士進入的伊利諾大學，光是一年招收的化學系博士生人數就近五百人，同儕間更能建立起良善的學問交流氛圍，互相的激勵更能造就良性競爭。「其實講學術，化學領域到哪裡去都一樣，只是環境不一樣。」學習環境與同儕氛圍，都是促成王瑜院士前往美國讀書的主要原因。

　　王瑜院士如今學成歸國，儼然已是成名學者，憶起往事的同時，也鼓勵現今年輕學子，有機會一定要出國去體驗看看，因為持續待在同一個環境中，往往會產生惰性；而到了一個陌生的異國環境，是可以激發出向上進取的動力，無論是學習語言也好，或是單純體驗生活，甚至是研究學問，將是人生一段非常重要的歷練與經驗。

王瑜院士在讀書時期的筆記。

旅美的異國體驗

　　不同的地方、國家，有著相異的文化，生活上的種種觀念必然有所差異，王瑜院士在美國讀書的時候，對於這點有深刻體會。在美國留學認識的室友，共同生活的經驗讓王瑜院士印象極深，想到這段往事並笑著說：「當時我覺得這個學生怎麼這麼勇猛，她從小就打工，看起來很成熟，好像在社會中打滾很久，不像我什麼都不知道，什麼都不太敢去嘗試。」中西文化教育理念不同，因此造成這樣的差異。

　　因為王瑜院士沈浸在研究當中，也被室友調侃一番，「有一次她譏諷我說，想得諾貝爾獎是不是？整天都在那邊工作！而且週末還要工作？」兩個人的生活觀念有著不小的差別，「她也批評過

我，整天不是實驗室就是家裡，她認為我這人生活太無趣了，她的
概念就是工作就工作，休閒也是必要的。」王瑜院士或多或少也受
到室友的影響，後來也覺得生活中確實需要一些休閒時間。「當想
不通的時候，真的要休息一下，然後可能第二天想得更通。」王瑜
院士之後常常跟學生們這麼說。

勞逸結合的生活態度，兼顧研究工作與生活情調，「有時候想
不通，一直坤在書堆裡面，容易越走越偏，越走越鑽不出來，就應
該休息一下，然後回頭再來想，也許就可以想得更周全。」休閒與
工作的時間分配，便是生活上很重要的課題之一，「我現在覺得百
分之百唸書是對的，可是中間還是要有休閒的時間做調劑。」這也
是在美國生活的經驗所得到的觀念上的轉變。

轉換挫折的經驗

科學的基礎在於研究，並找尋出最客觀與最完整的證據。科學
家在研究與實驗的過程中，往往艱辛異常，要面對許多的失敗與挫
折，在面對這些考驗的時候，也許有人缺乏耐心選擇放棄，當然也
會有人如磐石般的毅力而堅持下去，王瑜院士之所以能達到今日的
成就，有臺灣「結晶學之母」的稱號，是因為她毅然選擇了後者。

當王瑜院士遇到實驗失敗，瓶頸無法輕易突破之時，會去分析
失敗的原因，解決一次又一次的「失敗」。「我解決的辦法就是，
有很多路可以走，可以轉個方向、轉個主題、或者是說轉個方法，
應該都可以解決。」雖然克服難關的過程很不容易，但是唯有這樣
才能累積大量經驗，轉化為成長的養分。「我們做研究的過程當中

一定會碰到失敗，然後要去找原因，找原因才能夠解決問題，所以失敗其實就是給你學習的機會，一次就成功了等於什麼也沒學到。」只要以正確的態度去面對，無論是成功或是失敗的經驗，同樣都可以為學術研究道路奠定基石。

王瑜院士曾經在休假時期前往德國 ，前往當地的研究機構，入境隨俗，就要用那邊學者常用的軟體。可是在輸入一些變數時，系統卻無法執行，當地一位資深的博士生，就說要除以二才會執行成功。王瑜院士便覺得不解，「我就覺得莫名奇妙，為什麼好好的東西要除二，一定有問題。」秉持著好學與追根究底的研究精神，開始分析並檢查程式，「我找到在那個程式裡面有一處莫名奇妙的乘了二，於是，改了以後就不必除二了，該實驗室同仁訝異為何他們用了這麼久都沒人發現。」之後陸陸續續又在該程式找到一些錯誤，幫助他們解決了許多問題。

從這個小故事我們可以得知，當面對難題或是不合理的事情，無需退縮也無需盲目依循，可以嘗試從多方角度去思維，進而發現造成原因，這些經驗都可以使我們從中成長。「面對失敗，也許可以找到解決的辦法，然後了解說為什麼，也許一般人不覺得是個樂趣，但我覺得是蠻不錯的。」王瑜院士以樂在其中的態度挑戰難題與過程，為後來的莘莘學子樹立楷模。

初入結晶學的困境

結晶學在王瑜院士就讀伊利諾大學研究所的時候，沒有像現在發展的這麼完善，是非常懵懂而且過程十分艱辛的一門學科。因為

設備的關係，軟體的應用與開發不比現在如此方便，在蒐集和計算數據上還無法做到完全自動化，一切都要用計算尺來手寫計算，可能花上一整年時間也未必有如期的成果，因此解出一個結構，在當時非常值得慶祝的一件大事，「博士論文可能也就是做兩三個結構，就可以畢業拿博士，所以解一個結構是一個很了不起的事情。」可知當時的結晶學還是處在發展初期。

1968年，王瑜院士開始研究所生涯，剛好隔年碰上第一波自動化浪潮，也是在那幾年之間，一些收集數據用的軟體與程式，得到不錯的發展而相繼問世。「結晶學解析的計算相當複雜，步驟也很多。」如果用分析結構的程式來運算的話，可以節省大量的時間，於是早期就有許多結晶學家投身於結構分析程式的開發。不過剛剛開發出來的程式不可能完全沒有問題，所以王瑜院士就開始摸索如何使用這些程式，用自己計算結果來驗證電腦給出的結果。雖然程式偶有問題，不可否認的是正在朝著正確的方向邁進。

除了軟體與程式的進步，電腦作為主要硬體運算設備，當然也不停的在成長與改善，因此王瑜院士說：「所以我也就是跟著結晶學的發展一直往前走。」隨著時代的發展，在結晶學的領域上持續發光發熱。

決心投身結晶學

王瑜院士在大學的無機課程幾乎沒接觸過結晶學，之後到了美國讀書，雖然結晶學還未得到充分發展，卻對其產生莫大的興趣，因為結晶學可以幫助深入探討化學鍵是如何形成的，還可以挖掘出

分子的特殊樣貌 ，「化學裡面說水分子有OH鍵，我們甚至可以用結晶學去看OH鍵是怎麼回事，這我就很有興趣。」還在讀研究所的時候，便開始涉及相關的研究，雖然最終沒有完全成功，也讓王瑜院士發現這並不是容易研究的課題。

抱持著對研究充滿的興趣，於是在結晶學的萌芽期，王瑜院士前往紐約州立大學做博士後研究一年，以及到加拿大國家科學院化學所擔任助理研究員的五年內，開始投入大量心力，研究結晶學相關的題目。「總而言之，結構解析是我的基本工具，我的學路歷程等於是看著結晶學的成長茁壯。」

在加拿大從事研究的五年裡，主要工作是幫助解決稀土合金的結構分析研究。這時期王瑜院士得到非常多的實務經驗，談到這段往事時，王瑜院士笑著說道：「我在加拿大那個實驗室最珍貴的經驗是，因為他們實驗室沒學生也沒技術支援，所以軟硬體都要靠自己來維護。」沒有維修人員可以求助，於是也學會如何簡單維護機器，甚至是連軟體都要自己寫，都是非常基礎的實務工作。然而，回到家鄉臺灣，這些經驗都成了不可替代的實力。

回家鄉貢獻所學

1979年，王瑜院士離開加拿大，回到家鄉臺灣，在國立臺灣大學化學系任教。剛到臺灣的時候，大部分的學校經費不多，設備也都沒有很好，尤其是對於做研究、寫論文來說，如果沒有適當的設備，「第一個沒有元素分析的結果，沒有NMR（Nuclear Magnetic Resonance spectroscopy核磁共振光譜法）的結果，沒有什麼X-ray的

結果，這樣的paper是不會被接受的。」於是當時臺灣科學發展的首要之急就是建立良好的研究設備。

「第一個要把研究的環境提升，大家才會有勁做研究。」彼時國科會企劃處長劉兆玄教授，有鑒於整體研究環境普遍設備不足，推動成立了貴重儀器中心，來幫助營造整體研究環境的改善，期許帶動全國的學術研究風氣。成立之後，大約添購了十台左右必要的儀器，

王瑜院士攝於加拿大國科會化學所實驗室。

分別放在北中南的各個大學。有了儀器，還要培養人才，建立貴重儀器中心，才能替全國服務。X光結構解析的重責大任便落在剛從加拿大回臺的王瑜院士，在該計畫的推動之下，於1981年成立了臺灣第一個X光單晶結構分析中心。

建立一個實驗室，儀器設備與人才都是重中之重的組成環節，因此訓練廠商，培養技術人員，都是不可或缺的部分。「現在的廠商大概比較有能力，那時候廠商只不過賣給你一個商品，根本不知道儀器如何運作。」這種情況下，過去在加拿大有維修儀器的經驗就顯得格外管用，「我在加拿大的經驗還不錯，至少tube（X光管）應該怎麼換我知道。」甚至還可以指導廠商關於儀器的使用與

維護經驗。

另外，當時的電腦與程式運算速度沒有很快，技術人員的經驗也就顯得十分重要，「所以我覺得當初努力兩年，就把兩個技術人員訓練出來，然後把這個實驗室建立起來，也就達到目的了。」而且這兩位技術人員都在實驗室待了很長的時間，替國內學界解決很多結構的問題。既解決了儀器設備的問題，也訓練出優秀的人才，所有細節工作都盡力求取完善，達成創立X光單晶結構分析中心的初衷。

臺灣結晶學之母

王瑜院士在國際化學界享有盛名，研究領域是結晶學以及無機化學，專長在於X光結晶學、電子密度分布與化學鍵、自旋轉換現象、光致激發滯留效應、分子開關等研究，均有很好的成就。

除此學術研究上的貢獻之外，在1986年成立國際結晶學會中華民國結晶學委員會，讓我國得以在1996年成為國際結晶學會正式會員國之一。又在1990年大力促成中日結晶學研討會，往後二十餘年間都是定期舉辦，對於國際學術交流有頗為重要的奉獻。而且還是臺大創校以來第一位女性理學院院長，史上第一位國科會自然處女性處長。不只對於國內學界貢獻良多，亦曾在亞洲結晶學會擔任過諸多要職，更於2002年擔任會長。獲得的獎項更是數不勝數，足見在學術研究的斐然成就。

無論對於國內外的結晶學領域，王瑜院士都有著卓犖的貢獻，尤其是推動臺灣的科學研究風氣，以及春風化育培養提拔無數學

王瑜院士在國外從事研究。

子，可謂是「桃李滿天下」。她的付出與豐碩的成果，足夠有資格
可以稱為臺灣「結晶學之母」。

前輩的諄諄建議

　　王瑜院士在教學與培育科學人才不遺餘力，全心奉獻自己的所
學所能，也是樂在其中從事教育。她說：「培育學生時，你就像
看著一個baby長大，慢慢有自己的想法、看法，最後還可以跟你討
論，我覺得這是做老師的一個很欣慰的回饋。」教書對於王瑜院士
是件相當愉快的事情，既能教學相長，又能有成就感。當時返臺

2009年王瑜院士獲頒臺灣傑出女科學家獎「傑出獎」。

時，瞭解研究環境之限制，是以教學為主要目標。「我那時剛回來已經打定主意就是純教書，無法從事研究工作。」結果很高興的是得以教學與研究並行。無論如何「教育」乃傳遞薪火的不二途徑。

以她自身的經歷，建議年輕學子兩件事情：一是找到興趣，二是訓練表達。「我覺得任何東西要有興趣，有興趣的東西就會一直堅持做下去。」以興趣來當成前進的動力，可以無懼任何難關，因為有著無限動力支持自己勇敢面對挑戰。

表達能力則是無論哪個行業或領域都會用到，「我覺得要有競爭力，就要有表達能力，要能夠表現自己。」要能將自己的想法說出來，或是寫出來，才能讓別人知道，這能力也是要在學生時期培養出來。「學生的時候寫得爛爛的，那老師會幫你改；一旦進入社會，你寫得爛爛的，人家大概只會笑你，不會有改的時間。」王瑜院士發現臺灣普遍共有的問題，提出想法與建議，值得我們深思。

王瑜院士專注於化學與結晶學領域，以興趣作為研究的前進動力，享受種種過程的挑戰，並努力解決一切難題，有耐心、有毅力，以致有現在的成功，對國內化學界有舉足輕重的影響力，在國際學術界上的貢獻熠熠生輝、光彩奪目。她一生的事蹟，足以為後世樹立典範楷模。

序列演化超卓貢獻
敢於突破固有觀念

李文雄院士

李文雄院士

簡　歷

● 現職
中央研究院生物多樣性研究中心特聘研究員

● 當選院士屆數
第22屆（1998年，生命科學組）

● 學歷
中原理工學院土木系工學士（1965）
國立中央大學地球物理研究所理學碩士（1968）
布朗大學應用數學博士（1972）

● 經歷
威斯康辛大學遺傳學博士後研究員（1973）
休斯頓德州大學健康科學中心助理教授（1973-1978）、副教授（1978-
1984）、教授（1984-1998）
芝加哥大學James Watson講座教授（1998-2012）
馬克斯・普朗克進化人類學研究所
科學顧問委員（2000-2006）
中央研究院生物多樣性研究中心主任（2008-2016）

● 研究專長
演化生物學、遺傳學、基因體研究、生物資訊與計算生物學

⬤重要成就、榮譽

　　美國藝術與科學院院士（1999）

　　美國國家科學院院士（2003）

　　巴仁獎（2003）

　　布朗大學賀拉斯・曼獎（2004）

　　國立中央大學傑出校友（2006）

　　人類基因體組織Chen Award（2008）

　　世界科學院院士（2009）

　　英國遺傳學學會Mendel Medal（2009）

　　國際分子演化學學會終身貢獻獎（2019）

李文雄院士於2020年8月1日接受採訪。

李文雄院士近照。

「我覺得遺傳學真的非常有意思，跟我們的生命非常相關，因為不只會告訴我們為什麼長相會像父母、為什麼有人會得遺傳病，而且對社會、人類的思想也是很重要。」

初出茅廬的「常識霸王」

李文雄院士出生於屏東縣萬丹鄉的一個務農家庭。上國小時，每天都要早起，步行三公里的路方能到達最近的學校讀書。即使如此，他還是覺得上學是一件好玩的事情，因為獲得了一個「常識霸王」的美名。

那時萬丹小學的課程分為三大類：國文、數學、常識；常識也就是自然博物以及地理歷史。常識課程的簡德祥老師講過一遍的東

西，他都可以輕鬆背起來，得益於好記憶力；面對老師的提問，對答如流。因此老師便對於李文雄院士有更多的注意，也給予許多的鼓勵，並且說他之後一定考得上當時的省立初中，而同學之間更是稱呼他為「常識霸王」，讓國小的他充滿許多有趣的回憶。

「後來我考上的不是省中，而是縣立明正中學，還算是相當好的一個初中。」由於明正國中地處屏東市郊，因此相較於市區內的國中來說，學習風氣更為認真，留級的現象也較少見，李院士在這段國中時期，對於數學、理化及音樂產生興趣。後來在考上屏東高中之後，數學與化學兩科的成績更是十分亮眼，備受高三數學老師的肯定。「他（數學老師）對我印象還不錯，就說我一定會考上大學。」李文雄院士回憶道。

之後考上中原理工學院（後改制為中原大學）土木系，正是依靠數學與化學兩科的成績，由於當年數學考題非常困難，很多學生都考零分，而李文雄院士考了三十幾分，已經很不錯了。因為英文與國文都不是他感興趣的科目，最後依靠著優異的化學成績考上中原。如今悻悻然的說：「我那年考得最好的是化學，假如化學沒有考好的話，我可能連中原都考不上。」

當初聯考選填志願時，沒有經過現在高中常見的「性向測驗」，無法知道什麼系會更適合自己，只能依靠排名來做選擇。李文雄院士最後選了土木系，因為這是當時中原大學排名最高的系，他當時想在土木系可以學到大型工程的建造方式，可以透過這些技術對社會做出貢獻。「我那時候讀過詹天佑的故事，他是建造中國第一條鐵路的工程師，念土木系可以造大橋、造鐵路等等，是對民生很有貢獻的科系。」於是，李文雄院士離開屏東，來到中原讀

書，開啟人生的另一篇章。

曲折探索而認定數學

剛進入大學的李文雄，大一過的順風順水，「我剛到大學的時候覺得非常新鮮，第一年的時候我過得很快樂。」因為覺得一切都很新鮮，又得益於優秀的數學能力，也喜歡物理、中文及英文、成績是班上第一，因而愉快輕鬆的度過了一個學期。

但是，到了大二，卻遇到失眠問題。又對於一些科目感到十分不適應，尤其是「工程畫」、「地質學」；「工程畫」是要設計建築，在平面圖紙上面繪畫出來，恰巧繪畫是李文雄院士最不擅長、最不喜歡的事情。「地質學」則需要了解地層結構並且背下各種不同岩石的名稱，死記硬背的學習方式是李文雄院士最不喜歡的。李文雄院士因為不能適應土木系課程，以及不易融入這樣的學習方式中，導致這一年的成績不太理想，甚至萌生出選錯科系的想法。

在大三時李文雄院士分析了一下，發現自己對於物理很有興趣，但是又覺得物理的基本科目很多，像是「熱力學」、「電磁學」、「量子力學」等，而且每一門都是屬於很困難的學問。後來就想到了數學，數學的基本科目就相對比較少，再加上李文雄院士喜歡的是理論方面的研究，於是下定決心要往數學的研究所發展。因此碩士班報考臺大數學所，然而因學分不足而不准報考；又去報考清大數學所，很可惜沒有考上。

在當兵結束之後，考上當時位於苗栗地處靜僻的中央大學的地球物理研究所，「跟我想的一樣，物理很難，真的很難」。他又

說：「我其實是用數學解物理題目，題目會解，可是物理意義不太清楚。」對於物理真正的意義沒有深入的了解，也讓李文雄院士在這段讀地球物理時間中，對於自己的興趣更加確定，而認定自己更適合讀數學。於是，畢業之後，於1968年如願申請到美國布朗大學（Brown University）應用數學系博士班，離開臺灣，出國深造。

英文學習的心得分享

從臺灣到美國，進入一個全新環境，最先需要跨過的門檻必定是語言，然而初高中時、英文一直都不是李文雄感興趣的科目，而且大學聯考的英文成績也不好，但他如何順利通過托福考試？李文雄院士分享了他的學習歷程。

在剛剛進入大學讀書時，受到一位英文老師的啟發，知道學英文切忌只會死記單字硬背文法，而是要用一種很輕鬆的學習方式，多看世界名著、英國名著縮寫版，那些改寫過的經典文學作品，比較容易讀。「學英文我就是讀這些東西，閱讀之後寫英文文章就有進步，而且讀了有情節的故事，就會產生興趣，容易吸收。我就開始去讀一些這樣的文學作品。」因為那些小說、名著都是有豐富的情節，讀起來不枯燥乏味，甚至興趣盎然。

同樣的，李文雄院士亦選擇英文報紙雜誌，以及文筆流暢的文摘來閱讀，在讀這些有趣精彩的文章、以輕鬆的方式不知不覺間就記下許多單字與文法，無形中提升了英文能力。經過這些閱讀，英文能力也日漸提升，後來面臨托福考試，也沒有特別去補習班補習，或是其他的備考，僅僅依靠閱讀一本關於托福考試的書籍，就

李文雄院士在美國布朗（Brown）時到麻州大學郊遊。

順利通過考試！

勇闖海外而喜遇良師

　　1968年，李文雄院士獲得中央大學地球物理學碩士學位之後赴美，前往布朗大學攻讀應用數學博士學位。一到美國，便被當地自由的學術風氣吸引而深深喜愛，「看到美國學術自由的風氣，我就覺得蠻喜歡的，所以我去liberal的布朗大學讀書，很適合我的個性。」

　　李文雄院士剛剛到美國，便非常歡喜，其中有兩個原因，一個是喜歡美國的學術風氣，另一個則是真的很喜歡數學。雖然是應用數學系，但是系裡的教授研究的大多是由應用到別的科學而引起的數學，李文雄院士對這樣的數學也喜歡，不過不想往這方面發展，因為已有很多人在做了。於是，李文雄院士開始思考自己該往什麼

科學領域發展？

最初的想法是選擇一門數學理論尚未發展得很好的科學，就想到經濟學或是生物學。後來去到生物系認識根井正利（Nei, Masatoshi），是一位日本人，研究專業是群體遺傳學（Population Genetics），他給予李文雄院士很大的啟發，鼓勵他往遺傳學方面發展，因為遺傳學上有很多問題需要數學專業來解決的。

來到美國第二年的暑假，李文雄院士開始跟著根井正利學習，「進到一個新的領域，最好是要找對老師，如果自己摸索，就不容易曉得哪一些是重要的？現在的潮流是什麼？我跟Nei（根井正利），因為他是這行一位非常好的領導者，所以我能比較快進入那個領域。」在根井正利的幫助之下，李文雄院士很快速就進入生物學的領域。「起先我是做比較數學化的問題，就是

李文雄院士獲得博士學位時與接待家庭（host family）合照。

李文雄院士於美國布朗大學攻讀應用數學博士時的指導老師根井正利（Nei, Masatoshi）教授，圖為根井正利教授獲得2013京都賞（2013 Kyoto Prize）時的照片。（Photo courtesy of Inamori Foundation）

怎麼把生物問題變成數學問題，然後去解出來。」後來接觸生物學越多，就越了解哪些是生物學的重要問題，才漸漸深入研究作為生物學的重要分支的遺傳學。

「我問他問題，他很快會回答，有時他會從書架上拿一本書，然後一翻就翻到那個地方說：『喔，你看，這個問題的答案就在這裡。』好像是活的圖書館，他對我幫助真的很大。」這一小段活靈活現的往事回憶，呈現出兩人非凡的「師徒情誼」。後來李文雄院士開始跟著根井正利寫博士論文，只用不到兩年的時間就完成了。幾十年之後，李文雄院士在接受訪談時，依然很感謝根井正利帶他進入遺傳學的領域。

轉換跑道的適應問題

大學就讀土木系，碩士班念地球物理研究所，是兩個相當不同的領域，但是李文雄院士曾經學過物理的課程，「所以從土木到物

理不算差太遠，但是之後到生物那就真的差很遠了。」從應用數學改往生物學研究發展，對於李文雄院士來說，就與以前的學習專業有很大的差距了，「所以我開始學生物的時候非常吃力。」在此之前除了高一有生物課，稍微接觸到生物學的基本知識之外，沒有再學過任何生物課，所以讀起來難度高。

不過好在李文雄院士看待遺傳學不是當成一個難題，而是一個有趣、有意義的學問，「我覺得遺傳學真的非常有意思，跟我們的生命非常相關，因為不只會告訴我們為什麼長相會像父母、為什麼有人會得遺傳病，而且對社會、人類的思想也是很重要。」縱使需要加倍努力才能理解，但是以興趣做為動力，能夠繼續堅持研究下去。

進入全新的科學領域，李文雄院士非常興奮，並告訴我們遺傳學以及公民課都是現代人必須具備的知識與修養，因為都與我們的生活息息相關。一個認識自己怎麼來的，一個讓我們了解這個社會的運作模式；既了解自身，又認識社會，「所以就覺得念遺傳學對生命的一些現象及族群間的遺傳差異有更好的了解，有一定的重要性。」李文雄院士是這麼看待遺傳學的，當作是與我們生活不可或缺的科學知識，使得有足夠的動力做研究。此後，秉持著這一想法，投身於DNA的序列演化研究。

DNA序列演化的卓絕貢獻

李文雄院士剛開始時是做群體遺傳學（Population Genetics）的研究，是關於演化論的理論基礎；所謂「演化」簡單的說，是指

一個新的基因取代舊的基因，而造成改變。基因的研究可以說是遺傳學的基本層面，「因為這是遺傳的最基本物質，所以我覺得要做演化研究，應該是從最基本的物質開始。」李文雄院士認為由基因這層次入手，以基因的研究來解決演化問題，才會是比較實際而有效的途徑。

然而，在1960年代以前，生物學家並不太了解基因，基因是個「黑盒子」。後來到了1970年代才漸漸累積一些研究成

李文雄院士於美國芝加哥分子生物學實驗室留影。

果，而發展出了兩個方法來定DNA序列。這兩個方法的發明者後來都獲得諾貝爾獎，而分子生物學家才有有效的方法來解出基因的序列，有了序列才得以知曉基因的基本結構。「基因的序列出來以後，可以曉得該構造是什麼，那我們做研究就比較容易。」因此這一階段是DNA研究的創始時期，當時DNA定序的技術逐漸發展成熟，孕育了研究DNA演化的絕佳溫床，看到這個難得的機會，李文雄院士便全心投入研究DNA序列的演化。

大約在1979年，就把整個研究對象轉至DNA序列的演化。當

時全球只有兩間實驗室是專門研究DNA序列的演化，其中一個是一位日本教授的實驗室，另一個就是李文雄院士的實驗室，這在當時是領先全球的研究，「那時候也有其他人在做（DNA序列演化研究），但是其他人不是投入全部的時間在研究這個，因為我有一些Population Genetics（群體遺傳學）理論的背景、會演算統計、會分析DNA序列資料，所以我就比別人跑得快一點。」由於有應用數學的背景，又有遺傳學理論作為基礎，讓李文雄院士在那時世界還對DNA演化還懵懵懂懂的情況下，他的研究得以獨步領先，在數學方法的層面有重大突破，對於學術界有著卓絕的貢獻。

突破「分子時鐘」的觀念

　　1972年暑假，李文雄院士順利獲得博士學位，在威斯康辛大學做完一年博士後研究後，他到休斯頓德州大學健康科學中心（UT Health Science Center - Houston），擔任助理教授，主要研究群體遺傳學。那時的DNA定序技術還不成熟，科學家都是用蛋白質序列（protein sequence）來解決分子演化上面的大問題。1980年以降，才有足夠的DNA序列資料做演化研究，這時李文雄院士研究遺傳學已累積了七、八年的時間，對於遺傳學的重要課題，以及尚未解答的問題，都有相當程度的認識。「在做一門學問要先曉得，這門學問裡面有哪些是大家很想解決的問題，但目前還沒解決。」於是，李文雄院士打算以DNA序列來解決那些還沒有被解決的問題。

　　當時，有一個備受學界爭論的議題是「分子時鐘的假說」，有

些生物學家比較哺乳動物的蛋白質序列，發現兩物種蛋白質序列的差異度與它們的分離時間大約成正比，因此提出蛋白質序列的演化是等速進行的假說。此假說引起很大的反彈，因為它與達爾文的演化論相悖。如果蛋白質序列的演化跟演化時間成正比，那就代表沒有受到很強的自然選擇的影響，不然，演化就會有加速的現象，因此古典派的學者並不認為會有「分子時鐘」這樣有規律的現象存在。但是提倡「分子時鐘的假說」者大多是些權威學者，因此，此假說在1970年代得到廣泛的接受！然而這假說是否正確，在演化的機制及應用層面上都有很大的關係，因此是一個相當大的研究題目。

「分子時鐘的假說」是由比較蛋白質序列資料而提出的，蛋白質序列資料有限，比DNA序列資料難獲得，而且比較難分析，因此李文雄院士與他的博士後吳仲義博士利用DNA序列資料來研究此問題，「我們研究的結果是分子時鐘不是真的成等速進行，而是跟世代的長短有關係。」比如說老鼠的DNA序列演化就比靈長類或是人類要快很多，因為老鼠的世代比較短，幾個月就一代，而人類與靈長類的一代，則要好幾年，甚至幾十年以上，老鼠的演化速度至少較靈長類快五倍以上。「後來我的實驗室又做了很多研究，證明演化的速率跟世代的長短成反比，因此我們的觀念是對的。」

李文雄院士透過這些研究，一連串發表了相關的論文，受到學界很大的注意。這是第一次用DNA 排序來解答這些問題，成為他的成名之作。即使李文雄院士謙虛地說他得到的答案，也許有人不認同，但是他對於學界的貢獻無疑是卓犖的。

李文雄院士於2003年獲得遺傳與演化領域最高榮譽的巴仁獎（Balzan Prize）。（Photo courtesy of the Balzan Prize）

　　李文雄院士對「分子時鐘」的貢獻，加上其他豐碩的研究成果，比如DNA序列資料的分析方法，讓李文雄院士在2003年獲得遺傳與演化領域最高榮譽的巴仁獎（Balzan Prize）。他是第三位得到此獎項的演化學者，第一位是Population Genetics的開創祖師Sewall Wright，第二位是一位很有名的英國學者John Maynard Smith。而且李文雄院士是第一位獲得Balzan Prize的亞洲人。2009年再度獲得由英國遺傳學會（Genetics Society）所頒授的孟德爾獎章（Mendel Medal），亦是首位獲得此獎的亞洲科學家。享譽國際，獲得殊榮，這是對李文雄院士研究最好的認可。大學是土木

系，後來讀地球物理碩士班，最終博士班選擇應用數學的他，然而，這時無疑是一位不折不扣的遺傳學大師。

憂心人類的「水稻計畫」

李文雄院士在美國生活超過三十年，但仍然心繫臺灣的學術界。於是，在2003年中研院成立基因體研究中心之後，他成為了該中心的訪問學者，隨後在2008年回到臺灣，擔任生物多樣性研究中心主任。近年來，投入心力在許多的基因體學研究計畫，其中非常值得注意的是C_4水稻計畫。

自然能源大都是依靠光合作用而來，所謂光合作用是指利用陽光作為能量來源，將二氧化碳與水轉變成為碳水化合物的過程，植物都是透過這樣的轉變而產生能量。植物的光合作用可分成C_3以及C_4兩種。C_3型植物，經過光合作用之後，最先的產物是三碳化合物，以水稻、小麥為代表；C_4則是再轉化為四碳化合物，以玉米、甘蔗為代表。

C_4光合作用比C_3光合作用效率高，因此C_4型植物產量相對來說也會高出許多。「世界上有一半以上的人是吃稻米的，所以稻米很重要，但很不幸，水稻是C_3型植物，現在的問題是我們要怎麼把水稻從C_3型改成C_4型。」將水稻轉型為C_4正是這改造計畫的目標。他邀請嘉義大學的古森本教授合作，古教授在美國研究光合作用四十多年，是這一行的專家。

當談到為什麼要投身C_4水稻計畫時，李文雄院士這麼說道：「以後人類要面對兩個大問題，一個是能源，另一個就是糧食。」

野生種　　改良種　　改良種　　　改良種

李文雄院士參與C₄水稻計畫，改良種長比野生種長更多的穗，
但穀粒比較小，仍需要繼續改進。（李文雄院士提供）

在未來能源不足必然是人類將面對的大難題。在氣候變遷的影響之
下，水災旱災頻繁，也使得農作物的生產量大幅銳減，因此轉型水
稻、提高水稻的產量，是人類必須要解決的問題。

　　然而，李文雄院士深知要完成這項偉大的研究，過程勢必非常
艱辛。「這個光合作用牽涉到的生物學非常複雜，而且生物不是我
們想像的那麼簡單。」但是他始終相信人類堅持下去一定能夠成
功，因為運用現代發達的科學知識與技術，來解決當前人類面對的
問題，是促使李文雄院士投身於C₄水稻計畫的信念與契機。「只要
能夠成功的話，很可能會帶來第二次綠色革命！因為同樣的或類似

的技巧也可以應用到其他的作物上。」

期許後人的諄諄之語

　　在訪談即將進入尾聲時，李文雄院士舉出了兩個未來人類將會遇到的難題，一是能源再生，二是糧食短缺。解決氣候變遷的問題，需要解決能源不足問題，解決食物安全問題，需要增加農作物生產量。因此，李文雄院士希望後人運用科學來解決這些難題，因為這是必須要完成的，於是期勉我們並說道：「人類解決問題的能力增加了，只要好好的選擇研究題目，對人類會有很好的貢獻」。

　　李文雄院士說他指導過三十多位博士生及八十多位博士後，最多的是在美國，其次是在臺灣，其他分布在歐洲，日本、韓國，印度，東南亞等。有很多位在學術界都已有相當的成就，有的已經是講座教授或是研究中心主任，有些是在做更深入的研究，而有些是在做擴展性或開創性的研究，所以他感到非常的欣慰，覺得後繼有人！

工作如其人，品質為其證 數位典藏計畫推手

李德財院士

李德財院士

簡 歷

● 現職
中央研究院資訊科學研究所客座講座
財團法人高等教育評鑑中心基金會董事長

● 當選院士屆數
第25屆（2004年，工程科學組）

● 學歷
國立臺灣大學電機工程學士（1971）
美國伊利諾大學香檳分校電腦科學碩士（1976）、博士（1978）

● 經歷
美國西北大學電機電腦科學系助教授（1978-1981）、副教授（1981-1986）、教授（1986-1998）
美國國科會電腦科學研究計畫學門負責人（1989-1990）
《國際計算幾何與應用雜誌》學術期刊總編輯（1991 迄今）
中央研究院資訊所特聘研究員兼所長（1998-2008）
臺灣大學資訊工程學系、電子工程研究所合聘教授（2000-2007）、特聘研究講座（2008-迄今）
中央研究院資訊科技創新研究中心合聘特聘研究員（2007-2011）
中央研究院資訊所特聘研究員（2008-2019）
國立中興大學講座教授（2008-2019）
國立中興大學校長（2011-2015）
國家安全會議諮詢委員（2016-2020）

● 研究專長
　計算機及資訊科學

● 重要成就、榮譽
　美國電機、電子工程師學會（IEEE）榮譽會員（Fellow）（1992）
　美國電腦學會（ACM）榮譽會員（Fellow）（1997）
　潘文淵文教基金會研究傑出獎（2001）
　中華民國資訊學會榮譽獎章（2002）
　德國亞歷山大宏博基金會（AvH）學術研究獎（2007）
　國科會科學專業獎章（2008）
　世界科學院院士（2008）
　德國亞歷山大宏博基金會（AvH）宏博學術大使（2010-2016）
　德國在臺協會德臺友誼獎章（2014）
　美國伊利諾大學香檳分校傑出校友教育家獎（2014）
　美國伊利諾大學香檳分校傑出校友貢獻獎（2017）
　國立臺灣大學學術類傑出校友（2022）

李德財院士於109年8月22日接受採訪。

「我不能說『我不要、我不敢』。就算心裡很緊張，還是得
去面對，做好準備，去做就對了！」

誠心待人，全力做事

從學生到校長，他謹記高中導師王亞春老師一句「以誠心待
人，盡全力做事」的教誨；從教授、特聘研究員、中興大學校長到
國安會諮詢委員，他堅信唯有對土地深刻的認知，才能更好地回
饋。他是李德財，以「演算法」專業將資訊科技帶入校園、走入社
會，締造資訊科技與人文相互融合的歷史，並在演算法設計分析、
計算幾何學、生物資訊、軟體安全、數位圖書館和智慧傳輸系統等
多項領域發表重要學術論文，推動我國多項大型研究計畫，如數位
典藏、資安跨國合作計畫等。

回想這條道路的初始，李德財院士難以忘懷多年求學經歷帶給
他的重大收穫，經常掛在嘴邊的是那些相互砥礪的名字，在不同國
家和文化背景的衝擊下，那些印象深刻的人與人之間的溝通，成為
至今仍在慢慢積累的記憶。

回憶銘心，師生之情

「求學過程順利」是李德財院士對於自己十多年國民教育學習
歷程的總結，他仍記得許多與老師、同學相處瑣碎的事，比如小學
時期被老師找去，午休時間在廣播間唱歌，初中時期，因為一位漂
亮又認真的英文老師何文芳（也是班導師），而對英文感興趣，努

1964年初中時期學習英文單字、片語的筆記本。

力提升自己，參加英文朗讀比賽。他說，那時覺得受到老師重視，是個很好的激勵。至於首次上台演講，是在小金門服役當預官的時候，因為周遭的人都認為大學畢業的預官應該能言善道，就被推舉代表單位參加部隊的演講比賽。面對從未經歷過的任務，他告訴自己：「我不能說『我不要、我不敢』。就算心裡很緊張，還是得去面對，做好準備，去做就對了！」

隨著年齡增長，他發現自己比較沉默寡言，開始會將目光由自身轉移到他人。大概在初中、高中時期，家庭經濟出了狀況，從那時起，他學習觀察每個人，從身邊的人找臉譜。「舉例來說，初中、高中同學，每個人家境都不一樣，家裡在市場做生意的同學、和家裡父母是醫生的同學就有不同的個性。不同家庭背景的同學我都有，藉由觀察以及與人的互動，逐漸知道怎麼跟人應對、相處。」這樣的「自主學習」變成了一種興趣，也幫助他慢慢了解到如何和不同性格的人相處，對於日後工作開展也有很大的幫助。

1967級建國高中10班同學畢業後首次與自澳洲返臺的班導師
王亞春（前排中）於聚會後在母校合影。（2003年3月23日）

1964級大同初中12班同
學畢業後首次與自美國
返臺的班導師何文芳
（前排中）聚會之合
影。（2009年4月5日）

　　和老師的相處，也成為他學習歷程中十分重要的一環。在建中唸書的時期，國文老師王亞春（也是班導師），她的一句「以誠心待人，盡全力做事」的教誨，及身體力行的精神，影響並成為他日後的行事準則。1967年全建中一屆有25個班級，當年可以保送臺大的名額25位，李德財院士所屬的高三10班就佔了15位！班級成績好，同學們感情也很融洽，至今仍然相互保持聯絡。他說「我們有個LINE的『石斑』群組。高中時期的回憶相當不錯，這跟王老師有關。老師的確對學生有很大的影響，我很慶幸自己選擇了教職的行業，在學術界，有機會可以影響不少的人。」

家鄉與人，隔海羈絆

　　出國留學一直是臺灣學子當年大學畢業繼續深造的一股風氣。然而，臺大畢業之後，因為家境不好，並沒有出國的意念。後來是在他夫人的鼓勵之下，決定出國深造。由於當兵期間在離島，在外島服役通信不便，也沒有假期，無法申請學校或參加托福、GRE考試（GRE為美國各大學研究所申請入學的基本測驗），退伍之後回到母校臺大擔任助教期間，才處理出國申請的手續。他選擇到美國伊利諾大學（University of Illinois at Urbana-Champaign, UIUC）的原因很簡單，因為已經有好幾個同學在那裡進修，在申請程序上可以協助，到了當地也能相互照應。「在國外久了，會發現學長、學弟、妹間的關係是相當重要的，在國外表現好，也等於在提拔學弟、學妹，替他們爭取教授對臺灣學生的好印象。」他說，後來1978年在西北大學任教時也會鼓勵出國深造的學子好好努力，讓更

多優秀的後進能獲得入學許可的機會，對教授們來說，學生的國籍並不重要，重點是學生品質要好，當教授看到一位學生好，就自然會覺得他介紹的學生也會是好的。

劉炯朗院士（左二）夫婦參加李院士中興大學校長就職典禮。（2011年8月1日）

去美國讀書是第一次出國、第一次搭飛機，李院士回想那時候心裡非常惶恐，連外國是甚麼樣子都不知道，不過，這是一個學習歷程，要學習適應並融入新環境是項艱難的考驗，但卻能從中學習獨立，並且快速捕捉自己的不足。伴隨考驗而來的還有突如而至的機遇，一旦有準備，就能精準地抓取這些契機。比如，當時學校要求碩士研究生在開學的兩個星期後必須參加資格考試，儘管他一直很認真準備，四門考試科目中還是有一科因誤解題目而沒有通過，被要求補修大學部的一門課，而這一門課對他的影響可謂是深遠流長。

那堂課的教授是一位來自IBM（國際商業機器公司，美國跨國科技公司及諮詢公司）的美籍韓裔學者，他是利用學術休假（Sabbatical Leave）期間到UIUC（伊利諾大學）擔任客座教授。他好奇班上怎麼會有研究生修課，認為研究生不能跟大學生一樣只是上課、考試，因而要求這些研究生必須額外繳交期末報告。「結果，這份期末報告，竟然成為我第一篇國際期刊IEEE TC論文！

該期刊論文就是跟這位Se June Hong教授共同發表的。現在回想起來，當時考試沒有考過，卻給了自己另一個機會，真是驗證了古人所說的『塞翁失馬，焉知非福』？」

在UIUC四年，第一年（1974年）修課期間，就遇到了「貴人」，前清華大學校長劉炯朗院士，身為系上教授且來自臺灣，對他照顧有加。劉炯朗教授有一次請他全系上每週的例行會議上做個專題報告，「這是我第一次用英文跟教授們演講，為了這一小時的演講，我花很多時間預習、反覆錄音、計時，當時在場聽取報告的有系上資訊科學理論組的教授與研究生們，其中還有我後來的指導教授（Franco Preparata），Preparata教授聽完演講之後便問了劉教授，是否可以收我當博士生。就是這個因緣際會，我在第二年就更換了指導教授。」也因為跟著這位美籍義裔教授，李德財院士才真正進入資訊科學演算法理論的領域。

美國的大公司每年都會到各大學徵才，在劉炯朗教授的引薦下，他去見了一位IBM派到UIUC徵才的學者，那時（1975年）他只是一個碩士生，並沒有任何工作經驗或綠卡身分，按規定根本沒有約見面談的機會，但劉教授告訴他：「就到活動中心敲他的房門，告訴他是『Dave Liu sent me』。」就這樣，這位IBM的學者Dr. C. K. Wong成為他國外求學生涯的第二位「貴人」，他們共同發表了很多篇國際期刊論文，李院士也因此受邀至IBM Thomas J. Watson Research Center 擔任訪問學者，而且畢業後（1978年）任教於西北大學時，也推薦了多位西北大學的學生前往IBM擔任暑期實習研究生。就在四十年後（2014年），李院士與指導教授Franco Preparata同時獲得UIUC頒授「傑出教育家獎」，而且他亦獲選為

三位返校貴賓獲邀至Home Coming美式足球比賽，中場至球場接受球迷歡呼。
（2014年10月25日）

三位返校貴賓（Illini Comeback Guest）之一，UIUC特別準備了校園車隊遊行活動，他與夫人共同乘坐敞篷跑車接受師生、民眾的歡迎。

　　1984年李院士初次返臺至臺大及中央研究院資訊所擔任客座教授，當時的中研院以及國內整體的學術環境並不是很好，但1994年李遠哲院士回到臺灣擔任中研院院長後，中研院有了很大幅的改善，李院長禮聘不少國外學者到中研院任職。劉炯朗教授受到李院長的鼓勵，放棄了美國國籍、離開UIUC回臺，於1998年2月1日擔任清華大學校長。劉教授的返臺，也促使李院士認真思考返國服務

李德財院士與指導教授Franco Preparata同時獲得UIUC頒授「傑出教育家獎」。（2014年10月25日）

李德財院士獲選返校貴賓並參與在校園車隊遊行歡迎活動之照片。（2014年10月24日）

一事，他放棄了在美國西北大學電機電腦科學系任職廿年的優渥教職，也追隨恩師的腳步回到了臺灣，於1998年7月1日擔任中研院資訊所所長。

科技人文，相輔相成

訪談中，李德財院士著重說明了「數位典藏國家型科技計畫」的推動背景。他說，1998年國科會（現在的科技部）啟動了一個「數位博物館」專案計畫，規劃建置虛擬博物館。這專案計畫要將各種文物數位化，需要不少人力的投入，當時該專案是個年度計畫，每年需要提出申請計畫書，經過審查通過才可獲得經費的資助。獲得經費補助的館藏單位，如故宮博物院，自然科學博物館，國家圖書館、國史館等，雖有數位化人力的需求，卻無法放手聘人，唯恐計畫補助經費中斷，無法支付助理薪資，這情形讓計畫的推動陷入兩難的困境。李院士在西北大學任教期間，曾被借調至美國國科會擔任電腦科學研究計畫的學門負責人（Program Director），了解到美國如何執行大型的研究計畫，因此就向中研院李院長提議，將數位博物館專案計畫提升為「國家型科技計畫」，一期五年，由中研院擔負起總計畫辦公室的角色，統籌負責該計畫的執行。該計畫也是當時唯一以人文為主的科技計畫，將人文與科技結合，但這樣的跨領域結合的計畫在臺灣文史領域展開後，卻遇到了一些難題。

身為科技人，「文史檔案、器物數位化」的技術層面，雖然不易，但仍可以克服，但在計畫執行面卻遇到很大的阻礙。人文學者

習慣於獨立研究，其研究能量與成果，取決於文獻資料蒐集的多寡，這些寶藏文獻資料都存放在個人研究室，不論研究多深入，他們對待自己的研究成果都很保守，相對於其他領域，人文學者們比較不願意在研究尚未完成之前，甚至研究成果發表之後，將研究資料公開。與人文學者溝通成為計畫執行較為困難的一面。幸好，當時中研院歷史語言研究所黃寬重所長、研究員林富士先生相當認同此計畫，在他們的協助下，李院士負責資訊科技領域，他們兩位負責與人文領域學者溝通。「過程中，科技人要試圖去跟人文領域的學者說明，讓他們知道科技可以如何協助他們更有效率地處理研究史料以及再利用。」而另一方面，科技領域的專業人士參與此計畫也是需要被說服的，因為這些數位化的工作或資訊系統的開發，在當年，這些付出，多半無法作為他們原本領域的研究成果。加上各計畫執行機構，又有其本位思考，要讓大家都在「共同平台」上建立可以互通、共享的資料庫，在機構間的溝通上也耗費了不少心力。這計畫的執行，由於是個新的嘗試，企圖將國家各館藏機構的文物典藏數位化，建立國家層級的數位典藏，目標甚為宏大，在計畫推動的十多年期間（2001-2012），可說是臺灣人文領域和資訊科學領域同時面對變革的陣痛期。

整個計畫，要讓人文學者願意共享，讓科技的人願意合作，把人文的史料文物數位化並組織起來，做出成果是個相當不易的工程。當年「數位博物館」、「數位圖書館計畫」全世界都在進行，雖然臺灣的機構規模比較小，但是能整合，做出國家層級的數位典藏，在網際網路共享，則是國際上相當罕見的。現在事過境遷，我們打破了人文、科技領域之間存在的藩籬，也因而增加了國際知名

度。李院士2007年獲得德國宏博基金會AvH學術研究獎時，獲邀在2008年AvH年會的頒獎典禮上進行專題演講，他就以數位典藏計畫為主題，分享計畫的背景、現況成果以及未來展望。其中令他印象最深刻的是臺大執行團隊的成果之一，鳥DJ（Bird Orchestra in Taiwan），錄製各式各樣的鳥叫聲，將它數位化之後，選取了其中18種不同的鳥，搭配背景音樂，可以在線上展示，讓外國學者了解到臺灣的創意，也成功吸引了大家的目光。

科技進步，憂喜參半

科技高速發展帶來便利，也存在隱患，人人一支手機改變了我們的生活方式，也加重了我們對於多元便利的倚賴。面對有人說生活四大要素：「陽光、空氣、水、網路」，我們訪問了李院士對於網路生活的看法。他表示，現代人人隨時聯網，可透過網路互動，但網路就像一把雙面刃，有好有壞，正面用途是隨時都可取得我們想要的資訊，但負面則是有心之人，甚至駭客，會利用廣告或其他途徑，竊取個資，或強迫把資訊餵給閱聽人，而這些資訊內容卻不見得是真實的。假新聞就是如此，有心人士為了政治或經濟等目的散播不實資訊，一傳十、十傳百，最後便三人成虎。「所以我都跟學生講，要知道怎麼使用網路，沈浸於網路，但不可以沉迷！在網路的世界我們要有最基本使用資訊的literacy，也就是素養，以及資訊倫理，要能夠分辨資訊的真偽，不隨意轉傳，才是一位合格的閱聽人。」

李院士告訴學生，市面上有很多APP充斥，但APP不能夠隨便

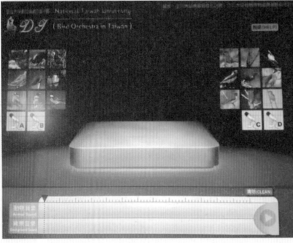

AvH學術研究獎頒獎典禮獲邀專題演講，以「國家數位典藏過去、現在與未來」為題，於專題演講中展示「臺大動物博物館數位化計畫——鳥DJ」成果。（2008年4月5日）

2018臺灣資安大會CYSEC SUMMIT「資安即國安」戰略專題演講。
（2018年3月14日）

安裝，安裝時又沒注意到自己隨手同意了什麼，就下載了來路不明的APP，後面隱藏的監控功能是一般人不知道也無法察覺的，因此有不少安全疑慮。APP的安全性相當重要，但一般民眾卻對個人隱私與資料安全不是很重視，要如何提升民眾的資安認知，讓民眾了解個資的重要性，一直是讓專家們擔憂的課題，專家們只能不斷呼籲民眾：在使用方便網路的同時，也要思考接踵而來的風險。

同時，民眾也應該關心政府推動的政策，像晶片身分證，以科技人的觀點來講，因為有資安疑慮與風險，在欠缺完備的法規制度下，實在不宜貿然推動。現今健保卡能用來做很多事情，也需要好好考慮制定安全規範。過去，只有醫療單位認證過的讀卡機才能夠使用健保卡，而現在一般超商，藥局領口罩、振興三倍券等也都普遍使用健保卡，這些都存有安全疑慮。民眾應要求政府做好資安風險的評估，保護民眾的隱私個資。

而防疫期間，不少人都在家裡工作，相較於公司機構來說，住家的資訊防護又比機構低了許多，所以更是要特別留意資通訊設備

的安全。李院士表示，現在網路傳播的速度比以前快，資訊的正確
性更是要大眾自行判讀，要以防疫的作為與態度防駭！網路十分便
利但不一定安全。

人工智慧，取代人類？

踏入資訊領域至今，除了科技使生活越來越便利之外，李德財
院士也說資訊科技的轉變非常快速，就像每日軟體更新，隨時都得
學習、留意。攻讀資訊科學領域是因為當年美國已經開始發展這
個科技，而臺灣還只是白紙一張，希望能在這個領域發展，為國
家盡一份力量。資訊科技需要良好的軟、硬體支撐，需要人才，
臺灣的半導體產業，資通訊ICT（Information and Communications
Technology）產業都有相當不錯的成就，但如果不繼續努力，很快
就會被其他國家追上。臺灣或許在引領資通訊科技前端研究發展上
不如預期，即便如此，在國際上仍佔有一席之地。

以美國和中國比較，兩個國家的發展方向是不同的，前者開
放，後者封閉。一般來說，封閉的系統無法長久運行，但是因為中
國內部市場夠大，足以自給並維持市場，而科技發展已經有逐漸兩
極化的趨勢，在這樣的情況下，臺灣以開放市場取得國際的認可，
比如生物科技或是口罩生產線、護國神山的半導體等都讓世界看到
臺灣。臺灣民族性認真踏實，再加上科技優勢，如果政府可以給予
一個更好的環境，臺灣一定會越來越有國際競爭力。

此外，李院士重點提醒年輕人，凡事要從基本工夫著手，不能
只看表面。像人工智能 AI（Artificial Intelligence）機器人，眾所周

知，自動化的技術將逐漸取代人類社會現有生活中重複性與勞力性的工作，但是，人工智能仍有其侷限，人性化的工作如老年長期照護就不適合AI取代。科技這種冷冰冰的東西是需要人文的溫暖，二者必須相輔相成。

近年來，法律也不斷嘗試與資訊結合，各種法規、營業秘密法、智慧財產法等，透過資訊公開平台，讓法律可以做到近用，民眾可了解即將簽訂的契約之風險，以及司法訴訟的作業流程等，保障自己權益。數位轉型也讓法律結合科技，如司法判例數位化，建立量刑資料庫，提供法官、民眾搜尋、瀏覽，減少犯行的刑度差異過大的問題，增加民眾對司法判決的信心，最近政府推動法律科技黑客松活動就是一例，如何讓數位科技的思維，運用到真正的司法實務是值得探討的問題。

擇汝所愛、愛汝所擇

訪談的最後，我們向李德財院士詢問關於他對未來年輕人即將、或有興趣步入資訊領域的學生提出建議。李院士說：「我不一定鼓勵大家都要往資訊領域發展，但大家都應該要有資訊素養，若要踏入這個領域，必須對這領域有興趣，有熱愛。對於有興趣的事，才會持久地、歡喜地去做。」

正所謂「擇汝所愛、愛汝所擇」，既然進入一個專業領域，就要好好努力，將夢想化為實際行動，不要飄忽不定、漫無目的，要有熱情、專注才能把事情做好、做對！在步入職場前，學生都應該思考自己的興趣在哪？平時除了自身關注的議題，甚至也可以更進

一步思考與社會的關係、與群體間的互動。

　　李院士接著舉了一些他相當佩服的事例。他說有位年輕人郭家佑（臺灣初創企業家、民間外交家，目前擔任臺灣數位外交協會理事長），她看了一本有關科索沃戰爭的書，了解到戰爭帶給人們的痛苦，以及該國不被大多數國家承認的艱難處境，因為國家處境和臺灣類似，便激勵她拔刀相助。自己隻身到科索沃，協助當地居民建立網域名稱，進行民間外交。「我覺得很感佩，如果是我，我還不見得有這膽量！」不僅如此，臺灣還有好多這樣的例子，比如林薇（Vivi Lin，英國留學生），聽到世界衛生組織幹事長譚德塞於記者會上對臺灣的不實指控後，她錄製影片以公開信的方式回應譚德塞。諸如這樣的事例，讓他覺得臺灣的學生越來越知道自己在社會、世界、地球村的定位，這是好事，因為這樣才能讓世界看見更多臺灣的正能量。

　　在中興大學擔任校長期間，曾與中興大學的同學們分享他初中

2011-2015年擔任中興大學校長期間，與興大學生分享李德財院士初中時期的英文筆記。

李德財院士（中）為人親和與指導學生的聚會團體照。（2020年12月19日）

時期，學習英文單字、片語的小小筆記本，展現認真、踏實的工作態度。李院士和他指導的學生們有很好的互動，展現為人親和的一面。

最後，李院士以《荀子・勸學篇》中的一句話送給同學：「不積跬步，無以至千里，不積小流，無以成江海。」鼓勵學生慢慢累積，積少成多，不要妄想一步登天，而是要好好把基礎打好。而人才最重要的是人品，一個真正有才能的人要有品質、品格、品味，做事情要有基本的正當性，在學生時期應該扮演好學生的角色，多充實自己，培養讓自己以後可以做更多事、更大事的資本。

臺灣的科技領域有很好的前景，而在科技發展的同時也要顧慮到人文，達到跨領域的結合。老師鼓勵年輕人做好自己的本分，不但要顧自己，做好人，也要關照社會以及世界的局勢，在不好高騖遠的前提下，將目光放遠，看見更遼闊的世界。

臺灣水稻教母：
「成功三要件：興趣、能力、努力」

余淑美院士

余淑美院士

簡 歷

● 現職
中央研究院分子生物研究所特聘研究員

● 當選院士屆數
第29屆（2012年，生命科學組）

● 學歷
國立中興大學植物病理學系學士（1979）
國立中興大學植物病理學研究所碩士（1981）
美國阿肯色大學植物病理學及植物學博士（1984）

● 經歷
美國羅徹斯特大學生物系博士後研究員（1984-1987）
美國康乃爾大學生物化學、分子生物及細胞生物系研究員（1987-1988）
中央研究院分子生物研究所副研究員（1989-1997）、研究員（1997-2008）、副所長（1999-2001）、特聘研究（2008迄今）
中央研究院國際研究生院及國立國防、陽明、臺灣、中央、中興、成功大學兼任教授（1997-迄今）
農業生物技術國家型計畫——功能性基因體在生技產業之前瞻性研發——規劃兼召集人（2005-2008）
能源國家型計畫——生質能源——規劃兼召集人（2008-2013）

● 研究專長
植物分子生物學、農業生物科技

●榮譽

國科會傑出研究獎（三次：1995-1996；1997-1998；1999-2000）

中央研究院年輕研究人員著作獎（1996）

侯金堆生物科學傑出榮譽獎（1998）

國科會技術移轉績優獎（2002）

國科會特約研究獎（兩次：2003-2005；2006-2009）

行政院傑出科技貢獻獎（2003）

教育部學術獎（2004）

國科會／科技部尖端計畫獎（三次：2005-2010；2012-2017；2017-2022）

世界科學院院士（2005）

論文榮獲「湯姆森科學精選指標」：「植物與動物學領域突破性暨密集
引用論文」於2006-2007年論文引用次數名列前1%（2008）

花喇子模（KIA）國際科學獎（2009）

世界工業與科技研究組織最佳創意女科學家獎（2009）

國科會與加拿大國家研究委員會傑出講座學者（2009）

東元科技獎（2009）

國科會傑出特約研究員獎（2009）

美國科學促進學會（AAAS）會士（2009）

《遠見》雜誌選為中華民國建國百年「新臺灣之光100：99個臺灣人站
上世界舞台的奮鬥故事」（2010）

國立中興大學傑出校友獎（2012）

臺灣傑出女科學家獎（2014）

美國植物生物學會國外傑出植物科
學家獎（2014）

余淑美院士於2020年
8月29日接受採訪。

　　「我知道現在的年輕人的生活競爭壓力真的很大，我也常鼓
　　勵學生盡量去走一條特殊的道路，別人比較做不到的，那你
　　就有機會。」

熱愛溫馨的家鄉土地

　　「我很喜歡大自然和植物！」

　　訪談中提到自然和植物時，余淑美院士數次笑著這樣說。在這
輕鬆的笑聲背後，是她對自然的熱情和對自己專業領域的自信，正
是因為愛著臺灣這塊土地，她不遠千里，赴美求學，吃苦耐勞練就
一身專業本領，回來重新踏上她深愛的土地。

　　她是中央研究院的院士，專攻植物分子生物學，但是提及小時
候，她便開始回憶起出生、度過童年的外埔、后里的小農村，還有祖
父母、外祖父母辛勤耕耘的田地，彷彿變回了那個在田埂間赤腳奔跑
與釣青蛙的小女孩。喜歡植物，尤其
關注農作物，這不僅是她的興趣，日
後更成為她生涯中數次轉折的關鍵。

父親一句話，少女勇敢逐夢

　　擁有客家血統的余院士，出生在
臺中外埔，一個傳統鄉下的農村家
庭。小學從東勢開始唸，因為父親
在谷關工作，母親患有氣喘，身為

余淑美院士六歲時的照片。

長女的余院士小學起就負擔起家務及照顧弟妹們的任務。後來因為父親台電工作的調遷，小學四年級舉家遷至臺北，五個小孩要吃要唸書，母親做些家庭手工，生活節約與拮据。在這樣的生活壓力下，本來同時考上北一女中和臺北商專的她準備放棄「第一志願」，想著讀完商專就要找工作、成為家中另一個經濟來源，但是，父親的鼓勵讓她繼續她的求學生涯。

1971年余淑美院士（右一）在大學運動會上獲得獎牌留影。

家中雖然寅吃卯糧，卻也要顧及孩子的教育。父親的支持讓她選擇了高中而非商專。三年後，她又面臨了新的人生抉擇，國防醫學院護理系的公費生和國立中興大學植物病理系兩條截然不同的道路擺在她面前，這一次，父親的鼓勵讓她想起一直以來對於植物的熱情，她毅然決然選擇了後者。現在想起當時的幾次人生轉折，她說，真的有可能會走上完全不同的道路。

幾經轉折，立志利用生物科技改良水稻品種

余院士並不是一開始就走上分子生物學的道路。在美國唸博士學位，她是一位植物病理學家，博士後曾研究草履蟲分子生物學，

後來有機會跟著吳瑞院士從事水稻分子生物學的研究，才讓她確定這就是她想要的研究方向。

余院士解釋，近半個世紀以來，分子生物學逐漸興盛，像孟山都這種農業生技大公司早在1980年代，就已經開始將基因改造的玉米和黃豆商業化種植。她原來學的是傳統植物病理學，因為植物跟人一樣會生病，對農民來說，種植農作物已經很辛苦，使用農藥更是增加成本與健康上的負擔。基因工程是一個可以利用科技來改良作物抗病的機會，所以她博士後轉去學分子生物學。

1984年拿到阿肯色大學博士學位以後，她與先生趙裕展老師有機會到紐約的冷泉港實驗室去做博士後研究，開始學習分子生物學。沒有生活補助，只有滿腔學習的熱忱，短短幾個月間不僅成效頗彰，也幫指導老師發表了一篇論文。後來，她跟著趙老師的指導老師周芷院士一起搬到紐約羅徹斯特，開始學習草履蟲分子生物。1986年，她有機會到康乃爾大學，繼續研究植物分子生物，後來，跟吳瑞院士做水稻分子生物的研究，才讓她的研究方向穩定下來，讓她對植物分子生物研究的訓練越來越成熟。

她曾經在短短的三年時間，把之前別人花了很多年失敗的實

1984年，余淑美院士在美國冷泉港實驗室觀看實驗結果。

驗成功完成，並發表了三篇高水準論文報告。當她的專業技能越來越成熟、獨立後，決定回到臺灣繼續水稻研究，這是她人生的新里程。

開創臺灣水稻基因工程

水稻是全球約百分之五十人口的主要的糧食，在亞洲，包括臺灣都是主食，非常重要，是單子葉模式植物。可是實際上，這種單子葉植物是一個非常困難的研究系統，大部份研究植物的學者都選擇阿拉伯芥（Arabidopsis），一個很重要的雙子葉模式植物，尺寸很小，生活史也短，很多的研究工具都很方便使用。

臺灣水稻分子生物研究在1989年從吳瑞院士的團隊真正開始，1990年吳院士回美國，余院士接棒。當時很多的研究工具很欠缺，做起來很辛苦，「可是我們就是一步一步的往下突破。最主要的是我們達成全球第一個利用農桿菌成功轉殖水稻基因，那是一個很重要的里程碑，因為研究基因的功能，如果沒有基因轉殖的方法，是沒辦法做的。」

水稻突變種原庫研究基因功能

2000年開始，研究水稻基因功能必要的突變種原庫在數個國家，包括日本、韓國、中國以及遠在歐洲的法國都已經開始建立，當時的臺灣並沒有相關的資源可供使用。余院士想，臺灣是一個以稻米為主食的國家，水稻基因的研究不可缺席。起初，她跟很多人談，希望臺灣有其他植物領域科學家開始建立水稻突變種原庫。但

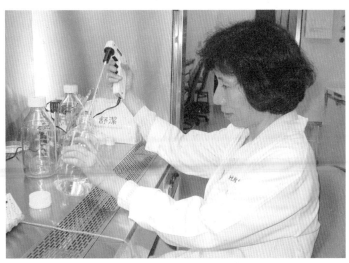

余淑美院士親力親為，第一身著手研究實驗。

是由於經費、空間與人力的挑戰太大，等了兩年沒人有意願，她覺得不能再拖了，於是自己承擔起這個一做12年的大計劃。2002年，她向當時中研院分子生物研究所的所長沈哲鯤院士要求空間，又向中研院院長李遠哲院士與副院長陳長謙院士申請經費，將無人使用雜亂的倉庫改裝成實驗室，開啟臺灣水稻基因功能研究的新頁。

　　為什麼建立水稻突變種原庫需要花相當長時間？余院士解釋「水稻的基因大概有四萬個，我們利用基因轉殖，設計特殊方法將外來的基因插進水稻基因體中，如果插到有基因的地方，基因就會被破壞。如果插到基因跟基因中間，本來不表現的基因就會被活化、表現。在這兩種情況下，水稻有機會顯現出突變性狀。」就跟我們人一樣，有一些遺傳性疾病是因為基因發生突變，例如白血病、唐氏症、地中海貧血症等。植物平常長得很正常，如果基因發

生突變，有可能變矮，變高，綠色變成白色，或是易感病等。從植物外表的性狀表現，就可以推論哪一個基因突變，而這個基因就是在控制這個性狀。

建立水稻突變種原庫工作量很大，因此，余院士請了非常多助理，不斷趕工，每個星期生產很多基因轉殖水稻，送到臺中霧峰農試所種植。接著需要很多農藝專家來照顧水稻在田間生長、農藝性狀調查及採收種子。種子量非常多，都需要低溫冷藏。總而言之，這個計畫執行需要很多單位合作，余院士就負責所有的協調工作以及確定進度順利。

水稻突變種原庫建立後，必須知道哪些水稻基因被破壞或活化，也就是說要知道外來基因（T-DNA）在基因轉殖過程中是插到水稻哪個基因或附近，因此，必須解碼被T-DNA插入位置的核酸序列，建立一個資料庫，使用者上網之後能查詢插到什麼基因造成什麼突變性狀，才能夠研究基因功能。余院士常常舉一個例子，基因體解序就像一本字典有很多字，如果沒有按照abcd排序，很難去找到想找的字。因此，基因體上所有的基因必須排序。中研院很早就參與水稻第五條染色的定序計畫，在2004年完成。不過，她在中研院完成這項工作之前就已經開始建立水稻突變種原庫，就好像字典的abcd次序排好了，但是每個字完全沒有註解，不知道這個字是什麼意思。水稻突變種原庫讓我們進行功能性基因體研究，瞭解哪些基因是控制高度、顏色，還是植株、葉片、根部的生長等等功能，每一個基因都要做註解，因此，為四萬個基因做功能註解是非常浩大的工程。

2002年，余院士想，臺灣水稻功能性基因體研究已經比國外晚

2017年余淑美院士在美國植物學會（ASPB）大會發表演講。

了幾年，必須儘快趕上國外進度。可是當時在臺灣領頭做這個計畫，沒有前例參考，也不能確定一開始的研究策略和方向是不是正確。「我常常晚上一想到就睡不著。」後來實驗越來越順利，她就比較放心了。即使這個實驗很複雜、繁瑣，但她還是連續做了12年，花了很長的時間才把水稻突變種原庫與資料庫建立得具有一定規模。她說：「努力十多年，成果受到國內外學者青睞，紛紛簽約索取這些材料研究水稻基因的功能。」臺灣在這個研究領域被世界看見，余院士很高興努力成果獲得肯定。

臺灣農業有國際競爭力，但是不受重視

臺灣的農業技術在國際間一直頗有名氣，以水稻為例，臺北

309是全球普遍使用的一個水稻品種。農耕隊也去過很多中南美和
非洲的邦交國，幫他們建立農業耕種系統。農業一直都是臺灣的優
勢，所以，余院士希望這樣的優勢能夠延續下去。

　　由蓋茲基金會支持經費，臺灣有幸跟國際C_4水稻的計畫合作，
2008年開始，目前已經進入第四期，由最初20多個國家，現在只剩
7個參與，都是國際上非常有名的實驗室。因為疫情緣故，不同國
家的學者會透過視訊，定期討論實驗相關的問題，由英國皇家科學
院院士、牛津大學的Jane Langdale教授主持。這個計畫探討C_4植物
光合作用基因的功能，希望導入C_3型光合作用的水稻，以提高光合
作用及用水效率。

　　最近一、二十年來，臺灣面臨稻米不受政府重視的問題。因為
飲食習慣改變，大眾喜歡吃麵食、麵包等小麥製品，以及大量肉
品，本土稻米產量因消費量不斷減少，從國外進口糧食的比例也隨
之增加。目前，臺灣的糧食自給率僅約32%，農委會希望提高，但
是有困難。如果國際上糧食出現短缺問題，近70%糧食價格的波動
對維持糧食安全影響非常大。臺灣生產的稻米，每年政府收購，但
是多半未能好好利用與食用，導致政策矛盾，一方面不鼓勵種水
稻，一方面卻難以維持足夠的糧食自給率。

政府的基改食品政策矛盾

　　利用基因工程研發的新品種作物，政府不同意種植，卻持續引
進國外的基因工程改造的農產品，這是另一種矛盾。社會大眾對基
因改造食品的誤解，是因為不確定其安全性，但事實上，基因工

2019年11月17日余淑美院士在記者會上發表水稻研究成果。

程產品與人類的核酸序列都是ATCG四種的排列組合，蛋白質也是二十個胺基酸排列組合。當基改食物進入人體腸胃內，會被消化系統中各種酵素分解，變成營養被吸收了，因此對人體並不會有危害。

　　然而，社會大眾並不了解這些知識，既定的印象也很不容易打破。在市場上，有機食品產業和基改食品產業互相競爭，綠色和平組織與有機產業對基改食品很多負面宣傳，影響農委會的政策。有機產業宣稱沒有使用化學肥料與農藥，所以成本高；臺灣大量從北美、南美進口的基改大豆、玉米，產量高而成本低。學者必須不斷地透過教育讓社會大眾瞭解「基改食品是安全的」余院士說：「可

是我們這些從事研究的人都很忙,沒有組織,所以只能零零星星的去演講與解釋,大部份人只要聽過我們解說,都能夠了解與接受。可是當我們不斷地宣導只要經過衛福部安全檢驗而上市的基改產品是安全的,教育部卻又不讓基改產品進中小學的營養午餐,這樣的政策又是矛盾。」

衛福部進口基改產品都經過相關領域專長的委員很嚴格審查,也都有科學數據,保證了安全性。由上述例子,可以看出來政府不同部會之間,有相當多互相矛盾之處,力量互相拉扯,影響社會進步。

糧食與人才危機

全球氣候極端化在世界各地造成很嚴重的災害,例如今年各地氣溫異常上升,媒體經常報導「創造幾十年來最熱的高溫新紀錄」,加州火燒山越來越嚴重,澳洲與歐洲也發生森林大火,之後又發生水災。高溫、乾旱、水災不停地循環,對環境生態、農作物生產造成很大的影響,全球溫度提升的問題將會越來越嚴重,導致極地冰川溶解,格陵蘭冰層甚至以過去十倍的速度在溶解,海平面隨之上升,靠海的陸地不只是淹水,農地的鹽分也開始提高了。無論是乾旱、缺水、高鹽、高溫,都會影響作物開花授粉,產量就會下降。這些環境不利於農作物生產的情況越來越嚴重,目前對於包括臺灣在內的經濟較佳的國家,不認為糧食有短缺的壓力,可是,如果天災情況加劇,未來有可能糧食價格高昂,或是有錢也買不到糧食。

生物科技並不像建設工廠、只要機器開動,備好模具之後產品

余淑美院士在第17屆水稻功能性基因體國際研討會（ISRFG 2019）中發表演講。

就可大量生產。生物科技需要非常多基礎的研究後才能建立系統、製造產品。研究人員希望育種能夠提高作物耐受各種逆境，例如全球乾旱、缺水、淹水、高溫、高鹽，但是作物育種無法速成。以2050年為指標，預估人口將會超過95億，如今已是2021年，還剩下不到30年的時間，可是以目前全球環境惡化加速的發展趨勢，在2030、2040年可能就會出現原先預估2050年後才會有的嚴重糧食短缺的問題，現在如果不加快研發，屆時會來不及。

　　與研究同等重要的是人才的培育，因為就業市場型態的改變，學電子科技的人數增加，學農業的人數下降，從前研究生甚至願意「住」在研究室趕進度，現在找不到這種如此投入的學生。因為研究生短缺，農業相關研究水準的質與量也逐年下降。余院士說：

2019年余淑美院士與全家在倫敦塔出遊。

「現在能夠找到還不錯的學生是種幸運，我希望培養他們，進行好的研究計畫，等到他們能夠獨立，就可代代相傳。」

努力開創事業，要忘記自己是女性

從女兒、妻子、到母親，身分的轉換讓余院士深刻地體會到女性在社會中的壓力。小時候體會到農村重男輕女不公平的現象，在她心中立下了「我絕不會比男生表現得差」的信念，因為自己是追求興趣而努力，才獲得今日的成就，所以當自己也成了母親，重視孩子的興趣喜好，成了她的教育理念。為了孩子的健康，不論研究工作有多忙，一日三餐都要自己經手。「為孩子準備三餐是忙碌的

媽媽最起碼要做的事。」只要是自己能負擔的範圍，她都努力做到最好。

不服輸的個性，是一股激勵她不斷進步很重要的力量，反應在她做的每一件事上，她不斷努力，提升研究水準，目的就是維持國際競爭力。建立水稻突變種原庫，只是其中的一個例子，做研究領先國際，是她一直以來的信念。

為鼓勵女性從事科學研究，在吳健雄基金會與臺灣萊雅公司支助下，余院士會到女校或男女合校為高中生演講，鼓勵女生勇敢地走想走的路。女生的數理天分一點都不會比男生差，可以走的路其實也很廣，尤其女生很適合需要耐性與細心的生命科學研究工作。她說，這個社會需要各行各業的人，不要一窩蜂去擠熱門領域，而是想清楚自己的興趣是什麼。

興趣、能力加努力是余院士經常對學生鼓勵的「成功三要素」。她也常常鼓勵學生跨領域學習，並以自己的女兒為例。她說女兒原本念生物，現在念影像藝術設計，她的動畫跟微電影作品裡可以看到生物的影子。用這樣的專長跟別人競爭，可以找出一個特殊的生存空間。「我知道現在的年輕人的生活競爭壓力真的很大，我也常鼓勵學生盡量去走一條特殊的道路，別人比較做不到的，那你就有機會。」

看著一雙兒女都在屬於自己的天地展翅高飛，余院士很高興他們都像稻田裡的水稻子一樣茁壯成長，她也希望自己能夠鼓勵到更多女性，秉持積極、樂觀、易溝通，熱心、感激的心，加上努力，就會有「成功的實力」。

從漁船瞭望鏡到天文望遠鏡 一路「向上看」

王寶貫院士

王寶貫院士

簡 歷

● 現職
中央研究院環境變遷研究中心特聘研究員

● 當選院士屆數
第32屆（2018年，數理科學組）

● 學歷
加州大學洛杉磯分校大氣科學碩士（1973-1975）、博士（1975-1978）
國立臺灣大學氣象學士（1967-1971）

● 經歷
加州大學洛杉磯分校大氣物理研究員（1978-1980）、兼任大氣科學助
理教授（1980）
威斯康辛大學麥迪遜分校大氣及海洋科學系助理教授（1980-1984）、
副教授（1984-1988）、教授（1988-2016）、榮譽教授（2016-迄今）
威斯康辛大學麥迪遜分校大氣及海洋科學系主任（1994-1997）、空
氣資源管理學程主任（1998-2002）
美國氣象學會雲物理委員會主席（1991-1993）
歐洲太空總署宇宙及大氣粒子系統交互作用計劃（ICAPS）諮詢委員
（2001-2009）
德國不萊梅大學海洋邊緣研究中心（RCOM）及海洋環境科學中心
（MARUM）諮詢委員（2005-2011）
中華民國氣象學會理事長（2013-2017）、中華民國氣象學會理事
（2017.5-迄今）
中央研究院環境變遷研究中心特聘研究員兼主任（2013-迄今）

●研究專長
　大氣科學

●重要成就、榮譽
　中國時報1996開卷十大好書（天與地，牛頓出版）（1996）
　美國Samuel C. Johnson Distinguished Fellow（1992）
　德國Alexander von Humboldt Senior Research Award（1993）
　第一屆吳大猷科普著作獎佳作（洞察，天下文化）（2002）
　行政院新聞局金鼎獎佳作（洞察，天下文化）（2002）
　行政院新聞局金鼎獎佳作（微塵大千，經典雜誌）（2005）
　美國氣象學會會士（2005）
　中華民國氣象學會會士（2008）

王寶貫院士於2020年10月3日接受採訪。

　　「你說為什麼唐三藏要去西天取經呢？我想當時的佛經一定
　　翻譯得很爛，所以唐三藏才要去找『原文書』。我真的是心
　　有戚戚焉！」

　　「一個有文化氣息的理工人」，這是對王寶貫院士的第一印
象。王院士對文字觀察十分敏銳，他用「長飆風中自來往」講述暴
風雨的秘密，用「不是天邊清閒客」概括成雲過程在大氣科學中的
角色，甚至在著作標題上的「微塵大千」，都能看見他如何運用古
典文字精確地賦予題目生命力。王院士告訴我們，之所以在科學研
究之餘，還具備這樣的文字敏銳度，其實歸根結柢都來自於對天文
的興趣。幼年的王院士，透過閱讀與提問滿足自己的好奇心；高中
畢業後，礙於臺灣沒有天文系，於是他選擇投入大氣科學的領域，
堅持「向上看」。此後數十年間，王寶貫院士從臺灣到美國，再由
美國踏足世界各地，他的學習與研究經歷，不僅豐富了自身的生
命，所接觸到的資源與學風，也回饋到他的教學、研究之中，給有
志於此的青年良好的啟示。

從漁船瞭望鏡開始的天文夢

　　王院士在幼時對天文產生興趣，當初種下的種子，到了高中時
已然成為迎風招展的枝條。書籍報刊上的圖片與文字已然滿足不了
他，他希望親眼把月球、行星等天象看清楚。為了這個願望，王院
士開始了自製望遠鏡的計畫。

　　回憶起當時的決定，王院士說是不得已而為之。1960年代的臺

南，一個南一中的學生，他既沒有門路在當地找到觀測的儀器，已知的幾架天文望遠鏡也都在臺北天文臺或中央氣象局，也是遙不可及的設備，自然使他產生自己動手做的念頭。王院士起先運用漁船瞭望鏡做實驗，可惜效果不佳，後來父親資助一顆稍微好一些的鏡頭，他便據此在大太陽底下反覆嘗試算出焦距，成功地製作出鏡身。他笑著說，他的父親起初並不相信這種土法煉鋼的做法能製作出天文望遠鏡，但他完全不會因此受到打擊，因為他研究過望遠鏡的原理，知道反覆嘗試修正絕對能有成果，後來父親不僅買給他鏡頭，甚至動手幫忙尋找材料、協助加工。完成以後，王院士用它來看月亮，父子倆人果然見到書上月球照片裡的隕石坑，不僅自己成就感十足，父親也十分高興。

王院士告訴我們，做實驗和把事情做好，就是如此重要。牛頓自製望遠鏡的能力比職業匠人還好，甚至認為依靠工匠會使研究難以進行，使得王院士深受啟示，了解研究者掌握技術、發揮職人精神的重要性。

衛星手冊打開美國研修之路

促成王院士日後赴美進修的決定性時期，大概就是臺大畢業後在公館氣象中心服役的那段日子。在此之前，他置身於全臺研究、學習資源最豐富的學校，而進入氣象中心則讓他接觸實務，參與第一線工作使他的感受更為深刻。尤其是公館氣象中心的經歷，更建構了他對美國研究、學習環境的想像，成為日後他赴美深造的原因。

回想起在臺大的青蔥歲月，王院士並不諱言，當時臺大雖然是

全國最高學府，但與今日相比，師資相對缺乏，學習與研究環境比較困苦，老師雖然有能力提供紮實的知識基礎，在研究上卻不得其法。更甚者，當年系上基本上沒有什麼實驗設備，較為像樣的只有探空氣球。時至今日，王院士還清楚地記得臺灣雲物理研究的開端，正是他們大四時期亢玉瑾教授的雲物理研究，當時國際上從事雲物理研究的人極少，因此亢教授自己也不大了解相關課題，只能帶著他們一群小

王寶貫院士年輕時在小琉球蕈狀石前留影。

蘿蔔頭探索。畢業以後，王院士在公館氣象中心當預官，由於工作較為輕鬆，單位離臺大也近，有空時就回到臺大，此際恰逢系上引進電腦設備，師生二人就這樣摸索著跑程式，嘗試到程式能夠順利運作為止。可惜的是，當時即便他們能產出數據，仍然不懂怎麼判讀。

事實上，在公館氣象中心服役的這段期間，王院士不僅參與了臺大地理系氣象組的電腦模式引進，在公館氣象中心閱讀到的衛星手冊，還開啟了他對美國研究環境的想像。王院士告訴我們，當時臺灣並沒有人造衛星，中心內部雖然有一個衛星課，可是資訊交換依賴傳真，獲得的衛星圖片都是模糊失真的黑白圖片，縱使他對衛星圖片感到興趣，但對著解析度低的圖片也是一籌莫展。不過，王

院士很快地發現其他的門路。閱讀室裡陳列了一本美國軍方出版的衛星手冊，內容與印刷都十分細緻，而書上印了可向美國軍方索取的字樣，因此他大膽地去信索要，居然得到了一本全新的衛星手冊，令他對美軍的大方印象深刻。正是感到研究風氣與資源開放差異如此之大，王院士不由得對美國的就學、研究環境產生想像，也成為他日後赴美求學的契機。

學風與資源——新大陸帶來的雙重震撼

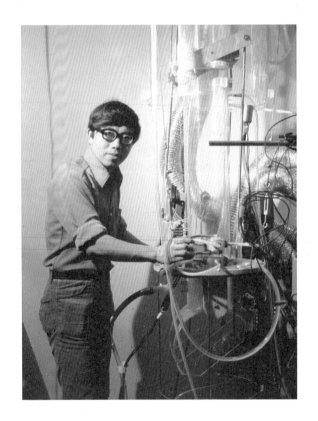

回想起赴美求學的日子，王院士的眼裡依然閃爍著光芒，這也讓我們分外好奇，當年滿懷雄心壯志的青年王寶貫，在美國的課堂上受到了什麼樣的震撼。他告訴我們，影響最為深遠的衝擊，在於歐

王寶貫院士在加利福尼亞大學洛杉磯分校（UCLA）求學時期。

美的學風，以及資源流通的程度。

　　指導王院士博士論文的導師是個瑞士人，大學和碩士在瑞士聯邦理工學院就讀，在美國取得博士學位後，教書一段時間才返回歐洲。這位導師對學生採取近似「放養」的策略，有別於大學時代和老師們攜手探索的經歷，也與老師示範、學生模仿這種常見的教學方法不同，反而更像是一趟只知道目的地的旅程，導師僅在必要時候與王院士討論、給予鼓勵，這在當時著實讓王院士感到大開眼界。究其根本，都是因為過去在臺灣的求學經驗中，實驗課更像是一套設計好的劇本，師長提供詳盡的步驟和道具，助教們帶領著學生操演一回，唯恐犯下一點點的錯誤。正因為如此，當王院士第一次面對只有目標，一切實驗方式、變因與日程都要自行掌握的實驗時，確實略感困惑，但想起過去自製望遠鏡的經歷，又讓他心中有了幾分踏實感，很快地進入狀況。

　　值得一提的是，王院士初來乍到陌生的國度，面對語言與文化的雙重隔閡，自然感覺有些無所適從，而化解的關鍵竟然正是導師交付的一場實驗。當時的實驗室裡主要的研究課題是如何使氣溶膠粒子（aerosol particles）帶電並準確測量電荷量，但之前的人員過了一年仍然無法做出成果。那時主持實驗的是導師帶領的博士後研究員，王院士仔細觀察過他的實驗步驟並且給出建議，可惜或是語言能力不足，無法解釋清楚，導致這位學長對他的能力有所懷疑，因此並沒有採納他的建議。不過，王院士的導師卻不這麼想。導師徵詢了王院士的意見，委請他執行實驗，果然三天就有了進展，於是在眾人面前大大地稱讚了王院士一番。王院士認為，就是從導師的公開稱讚開始，他重新拾回了自信。

在此之外，美國的資源流通程度也讓王院士深有體會，造就了他今日樂於分享研究資源的態度。王院士告訴我們，他印象中最為深刻的，是一本明代出版的《十竹齋畫譜》，這可能是全世界最早出現的彩色印刷書。他先後在中央圖書館與加利福尼亞大學洛杉磯分校（UCLA）的東亞圖書館裡見過，但兩個典藏單位的展示、陳設卻大相逕庭。當畫譜被陳設在中央圖書館的古籍展覽之中，他只能透過玻璃展櫃，看著館員預先翻開的那一頁，然而在UCLA東亞圖書館裡研究生可以閱覽的區域，架上卻擺了足足五本《十竹齋畫譜》，供研究生們自由翻閱。從《十竹齋畫譜》的陳設，到自己實驗過程中得到的種種資源，王院士清楚地感受到資源豐沛與實際接觸的重要性，因此執教以來，但凡有學生上門求教，無論出自哪個師門，他都十分樂意與對方分享資源。

講到這裡，王院士不由得發出感嘆。他說，學風上對學生信任與放手，資源的豐富與開明管理，或許正是歐美一流院校良好研究風氣的原因，假如臺灣能運用這樣的策略，或許也能培養出更多的優秀科學家。

觀摩國際教研環境，投身臺灣環境變遷研究

王院士的慨歎，過了三十餘年，終於有了大展身手的機會。他在UCLA取得博士學位後，留校做了博士後研究，此後又在威斯康辛大學擔任教職，赴德國、英國與義大利等歐陸國家旅遊講學，甚至協助義大利費拉拉大學物理系，成立全義大利第一個高等教育中的氣象專業組別，但他也自1999年起，擔任中央研究院環境變遷中

2015年富貴角研究站揭牌典禮留影。

心籌備處的諮詢委員。回臺的契機，就與環境變遷中心有關。

2013年1月，王院士接任環境變遷研究中心第四任主任。提起獲邀回臺的決定，他跟我們分享了當時的思考。他並不諱言，在美國的教研環境已駕輕就熟而且一路風順，然而他在異國他鄉如何努力，終究只是一個教授，如果回臺在環境變遷中心任職，將有機會調度、引進資源，提升臺灣在大氣科學或環境科學領域的競爭力，這不啻於一個改變的機會。在王院士主持環境變遷中心的任期內，他不僅活化了測站與設備，也積極引介國際知名科學家來臺演講，尤其是人力與資源逐漸成長，使得研究群組更具規模。

測站與設備的活化，以富貴角的空氣品質觀測站最具代表性。富貴角位於臺灣最北端，是全臺灣最先接收到北方海面空氣的地

美國氣象局局長烏契里尼博士（Dr. Louis W. Uccellini）於2014年受邀來臺講座。（王寶貫院士提供）

美國國家海洋暨大氣總署（NOAA）的主管古德曼（Steven Goodman）於2016年受邀來臺講座。（王寶貫院士提供）

方，也是監測大陸汙染物的第一線，因此原本就有一個周崇光博士利用海巡署資源所設測站。可惜的是，富貴角測站年久失修。王院士任主任後，爭取中研院院方的支持，改善測站環境並充實重要儀器以及環保署加入，在眾人的努力下方才煥然一新，目前已經成為臺灣北部基礎空品觀測重鎮。

　　王院士引介來臺講座的國際知名科學家，在氣象領域最負盛名的當是美國氣象局局長烏契里尼博士（Dr. Louis W. Uccellini），以及美國國家海洋暨大氣總署（NOAA）的主管古德曼（Steven Goodman）。這些科學家來臺的影響十分巨大，或者帶來合作的可能，或者傳授經驗。例如王院士就曾經向古德曼詢問NOAA-16衛星的發展期程，以及為了發展這個衛星所投入的金額，雖然按照臺

2018年臺德合作東亞
空污飛機觀測留影

灣的預算絕對無法做到，但透過合作關係，我們仍然可以運用這些資源。例如當時古德曼負責的最新計畫NOAA-16衛星，此衛星的資料後來也被利用在雷暴對中層及高層大氣之衝擊的研究中，王院士促成的國際交流在有形無形中也帶動了本地的研究與學術發展。

科普是一件重要的事

　　仔細地陳述在環境變遷中心任內的研究發展策略之後，王院士話鋒一轉，聊起了他對科學教育的理解。他將知識的拓展比喻作疆域，在開疆拓土的過程中，尋找邊界的過程蜿蜒曲折，一步三回頭，具有強烈的「追索」特質。

　　王院士認為老師們應當開宗明義地告知學生，鼓勵他們參與這種尋找的過程，因為在尚未深入了解課題的狀態下，很可能未能發現問題，或者誤以為前人把問題解決了。然而，當我們能夠持續好奇，不斷地尋找資料閱讀、比較，看得愈多就愈容易發現問題，進入曲折的解謎過程。在這個蒐集、分析的過程中，大量的閱讀十分重要，無論是科普書籍或教科書，都各有它們不可或缺之處。

　　提到科普書籍，王院士語重心長地告訴我們，如果能夠針對不同文化脈絡分眾撰寫科普作品，最是難能可貴。這樣的感慨，源自於王院士高中時使用的教科書。在王院士高中的時候，使用的課本翻譯自美國教材，自然運用美國文化中常見的事物作比擬，但對於當時的臺灣高中生而言，極有可能無法理解。王院士舉課本中的原子部分為例。當時課本告訴他們，布丁的最中心是原子核，電子就像布丁之中的葡萄乾，四散在各處。事實上，1960年代的臺南，布

王寶貫院士編寫的三本科普書籍：《天與地》、《洞察》和《微塵大千》。

丁這道甜點並沒有那麼普及，因此當任課教師詢問他們是否吃過布丁時，同學們頻頻搖頭，甚至有人反問「布丁是什麼？」閱讀這樣的課本讓王院士感到困惑又生氣，懷疑這樣的教科書，究竟要讓他們怎麼學習化學，索性從南一中去到成大尋找英文原版教材。沒想到的是，嘗試閱讀原文教科書，卻讓他在短短數月間，搖身一變為班上物理最好的學生。想起這段往事，王院士打趣道：「你說為什麼唐三藏要去西天取經呢？我想當時的佛經一定翻譯得很爛，所以唐三藏才要去找『原文書』。我真的是心有戚戚焉！」這種文化隔閡，正是日後王院士編寫《天與地》、《洞察》和《微塵大千》三本科普書籍的遠因。

王院士對閱聽人理解程度的洞察，同樣也體現在教科書的編寫過程中。在以英文為主的教科書出版市場裡，王院士曾經因應臺灣

學生的需求,將在威斯康辛大學的雲物理講義翻譯為中文版本。時
值1993年,王院士返回臺大擔任客座教授,當時臺灣學術風氣開
放、國際交流頻仍,但值得注意的是,當他讓同學們選擇授課語言
時,多數人仍然要求中文授課,自然促成他編寫中文講義。不過,
他並不諱言,當時書商出版時錯誤百出,後來曾忠一教授還曾為此
仔細考訂校正,讓他十分感念在心。其後王院士也由劍橋大學出版
了更詳盡的英文版雲物理教科書。

發現問題,才是真正的科學研究

誠然,設定目標、獨立探索可以鍛鍊紮實的研究能力,在目前
的教學環境裡已然逐漸受到重視,但在實際執行過程中,難免也有
發現問題之後「卡關」的時候,這不禁讓我們好奇,王院士如何面
對這種困境。然而,王院士卻告訴我們,當能夠發現問題,才是真
的在做科學研究的時候;如果被問題難住的話,可以善用「想像
力」。

王院士認為,科學研究不僅在於解決問題,還包括發現問題。
他進一步解釋,在學校做習題,成功地把數值運算出來,這是解決
問題,然而做研究不該只講求解題,最重要的應該是發現問題的能
力,那才是科學研究的關鍵。王院士說,他對這樣的體會原本只有
個模糊的輪廓,是在閱讀了楊振寧先生的回憶錄之後才恍然大悟。
楊振寧的老師費米(Enrico Fermi)告訴他,作為一個研究生,大
家對他的期許是解決問題,但如果是一個科學家,則應該要有發現
問題的能力,不能等著問題找上門。「科學需要發現問題的能力,

其他的學科也是如此。」王院士補充道。

面對發現問題之後浮現的種種困惑不解，王院士認為想像力可以在此幫上大忙，畢竟「科學有很多東西就是想像出來的」，他說。王院士舉自己編寫式子描述冰晶形狀為例，他起初的發想只是：如何用數學式子表示六角形的雪花。當時沒有人知道怎麼做，但王院士意識到在做光的散射研究時，如果有數學式子可以輔助將變得更加便利，因此他就開始了一場從三角函數出發的「空想」。他想像一個圓圈如何變扁，接著長出很尖的角，最終變成一個六邊形，而光打過來的時候應該怎麼繞行。王院士笑著說，只要繼續好奇，讓想像在腦海中具象化，或者想像到夜有所夢的程度，離克服的日子就不遠了。

看見大學生們對科學家的憧憬，王院士在訪談的最後寄語大學生。他說，臺灣的科學教育與自己求學的年代，早已不可同日而語，現在基礎訓練都十分紮實，假如老師們能夠激發學生們的想像力與好奇心，學生們也持續朝這個方向努力，進入保持好奇心、發現目標並保持興趣的循環，這就是一個好的開始。他提醒我們，假如能夠持續發現問題，發揮想像力，把他做到最好，那就是一個成功的科學家了！

五十物理之路
態度決定高度

李定國院士

李定國院士

簡 歷

● 現職
　國立清華大學物理系特聘研究講座教授

● 當選院士屆數
　第32屆（2018年，數理科學組）

● 學歷
　國立臺灣大學物理學系學士（1967-1971）
　美國布朗大學物理系博士（1972-1975）

● 經歷
　紐約市立大學物理所博士後研究（1975-1979）
　加州大學聖塔芭芭拉分校理論物理所博士後研究（1979-1981）
　維吉尼亞州立理工大學物理系助理教授（1982-1986）、副教授（1986-1993）、教授（1993-1997）
　中央研究院物理研究所研究員（1996-2004）、特聘研究員（2004-迄今）
　國家理論科學研究中心物理組主任（1997-2003）
　國立清華大學合聘教授（2001-迄今）
　奈米國家型科技計畫計畫共同總主持人（2004-2006）
　中央研究院學術事務組主任（2007-2012）
　中央研究院學術諮詢總會執行祕書（2008-2012）
　中央研究院物理研究所所長（2012-2018）
　國立中山大學物理系特聘研究講座教授（2019-2022）

●研究專長

理論凝態物理

●榮譽

傑出人才發展基金會傑出人才講座（1997-2002）

國家科學委員會傑出研究獎（2003）

美國物理學會會士（2004）

侯金堆傑出榮譽獎（2005）

英國物理學會會士（2006）

中華民國物理學會會士（2011）

中華民國物理學會特殊貢獻獎 （2019）

李定國院士於2020年10月24日接受採訪。

「在決定做任何事之前，必須考慮清楚是否要做，而不是考慮退路，或是替代方案；一旦下定決心，就不要留下後路，否則遇到困難、挫折便會有了退心。唯有如此，才能一路堅持下去。」

喜歡推理而造就物理之路

人生是漫漫長路，面對無數的「歧路」，每個選擇都不容忽視，尤其是大學科系與學校的選擇，更是至關重要，也是大部分的人都要正視的難題。有人選擇熱門科系，有人選擇冷門科系；有人選擇自己喜歡的領域，也有人選擇公認有「錢」途的專業。關於大學科系的歧路抉擇時，物理大師李定國院士又是如何下定決心的呢？

李定國院士在高中時期，發現自己喜歡推理，可以透過推導得出理論的相關科系，而不喜歡需要背誦、記憶的學科，例如生物學、化學等等，都是需要背誦與運用記憶的科系，這也包括醫學院領域，所以李院士都沒有選擇這些科系就讀，最後選擇臺大物理系就讀。他表示，物理的好處在於可以從頭推導，不需要背，只要記得一個道理、流程、原因，比較適合自己的個性，所以高中就決定要讀物理系。

這樣的選擇，當然不只是因為討厭需要背誦的科目而個性適合讀物理，其中當然也包含對於物理的興趣。能夠在高中就知曉自己的興趣、個性與能力，從而立定明確目標，也是一件難能可貴的事情。因為興趣與能力，是可以決定一個人能夠發揮多少潛能的重要因素，只有自己找到興趣，才有足夠的動力支撐自己持續精進。

　　因此，現在李院士教育學生亦不提倡死記硬背，也不採用這樣的考試方式，反而同意學生在考試中利用手機查找資料，畢竟背的再多也不會比網路資料多，更重要的是理解背後的理論基礎。

　　李定國院士之所以能如此肯定自己的志向，就是因為他足夠認識自己的興趣與能力，知道不適合從事某些領域，能找到真正適合自己的跑道。他也認為，每個人的興趣不盡相同，找到自己喜歡做的事情，容易做得好，才會有成就感，這樣才能持續堅持且專注在自己的事業上。正所謂「行行出狀元」，只要找到自己興趣，持續努力做下去，就可以走出一個自己滿足的人生。

高中的自主學習態度

　　高中，是個充滿青澀、未知、渴望與熱情的時期，人生最青春、最熱血、最活力的回憶，往往都深深刻烙印在這一階段。當年還在就讀建國高中的李定國院士，嚮往自由的學習風氣，而當時的校長管理學生也是極為自由，像李院士所處的班級成績很好，還可以擁有自主調課的空間。為了提早下課，下午比較晚的課，可以調換成早一點的時間。甚至在中午的時間，還可以去到附近的植物園、美國大使館參觀。

　　如今，李院士在回憶過去高中美好時光，笑著承認，當初經常翹課，一有機會就到處去玩，非常自由；喜歡去美國大使館，是因為想要吹冷氣；喜歡去植物園，是因為可以遇到許多女孩。自由的風氣，讓他很是喜歡高中求學的生涯。雖然有很多時間都在玩，讀書時間看似不多，反而培養成自主學習的好習慣。

1963年，李定國院士（中間）與大同中學同學畢業旅行時在高雄孔廟前的照片。

　　平時有空會自己閱讀原文書籍，跟同學一起討論，那個年代的學習環境，不比現在資訊取得如此容易，師資也不像現在這麼好，都要靠自己努力尋找資訊，自主學習。在高三的時候，便開始閱讀《費曼物理學講義》，而且當時還沒有譯本，全都要憑藉外語能力。雖然有些地方會有疑惑，不過對於志在物理領域的李院士，有著相當大的啟發。即便現在儼然已是物理學界的大師級人物，依然保留著當年閱讀過的那套書籍，偶爾還會回頭檢視跟自己的看法有沒有相異或相同之處。於是，李院士在訪談時說：「好書是非常有啟發性的。」

學習方向是培養基礎素養

　　李定國院士在讀高中或是讀大學的時期，資源不像現在的學校

這麼豐富，獲取管道如此便利，整體學習環境相對還是較為辛苦。因此大部分的學生都培養出自主學習、自我充實、用功努力的學習態度，而且都很喜歡閱讀，藉此獲取新知、增長學問。

然而，當時學生最辛苦的事、最苦惱的事莫過於找書，完全無法跟現在資訊爆炸的時代相提並論，取得資訊是一件不容易的事情，也是一件花銷頗鉅的行為。李院士舉例，當時如果想要聽一些有名的交響樂團演奏，還要特別到西門町的唱片行訂購，先付一筆訂金，大概再等兩週左右，才能騎腳踏車親自到店領取。如此大費周章，花掉存了好久的錢才能聽到悅耳的交響樂。因此，在他求學時期，要學什麼都很困難，資源少又昂貴，於是特別珍惜每次的學習機會，彌足珍貴來之不易的資源。

李定國院士在艱辛的學習環境中成長，一路走到現在，結合多年的教育與研究經驗，他指出，現在的教育模式應該要跟過去有所不同，因為現在的學生面對的是如何篩選資訊，而非如何獲取資訊；就好比要寫一篇論文，上網搜尋相關議題的文章，有些熱門的題材甚至一週就可以產出上百篇，即使有心想要全部看完，卻是極為困難的任務；但是不看完又無法繼續研究下去，隨之而來的就是兩難的境界，看也不是，不看也不是。正是因為現在的資訊流通迅速，取得方便。於是，面對堆積如山的資料，要如何挑選適合自己的來學習，是當代學生面對的最大挑戰。

如今在網路上獲取知識是稀鬆平常的事，想要知道什麼，鍵入關鍵字就可以看到成堆的材料；想學什麼，透過網路上的無數平台，瞬間就可以掌握關鍵與要點。在這種環境下，李院士認為，學生的學習模式並非一直灌輸知識的「填鴨式教育」，而是應該著重

培養學生自身的學術素養、基礎知識、基本能力；即使資源再多，沒有良好的基礎素養，這些資源也往往無用武之地。反之，有了基礎素養，面對廣泛的資料、材料，就可快速掌握重點與要領。於是李院士建議學生，當透過自主學習，增進自身基礎能力，善用資源，再讓老師發現問題、癥結點，進而解決自己的盲點與缺失，這才是當代學生首當要培養的基本素養。

大學的多元化人生體驗

大學，是進入社會前的跳板。這四年裡，還可以無後顧之憂的去探索人生方向，參加許多社團活動，去探索不同問題。李定國院士在臺大讀書時，參與不少的社團活動，雖然不一定都是自己的興趣、嗜好，也不一定所有活動都適合自己的能力，但是從中認識不同興趣和專業的同學，可以拓展自己面對社會的視野與提升思考高度。

此外，還可以強迫自己跳出舒適圈，從事不熟悉的事情，接觸不同人的想法，開拓自己的交友圈，這是十分重要的事情。李院士也十分重視這階段的學習與體驗，曾經加入橋牌社、棋社，甚至是合唱團，雖然知道自己不適合唱歌，但卻是為人處世很好的歷練經驗。遠離自己熟悉的生活圈，跳脫同溫層去聆聽不同想法、聲音，是大學時期每個人都去要學習與體驗的。

如今，他憶起當年大學時光，認為參加社團活動很重要，可以達到多樣化發展、拓展交友圈，這是一件很快樂的事情。即使參加許多活動，而致使睡眠時間遭到壓縮，甚至玩社團的時間，比讀書更多；然而，這些學習與經歷，同樣是人生中不可或缺的部分。於

1976年，李定國院士於博士畢業典禮後攝於美國布朗大學大門前。

是，李院士也鼓勵後輩學子盡可能在課餘時間，參加多采多姿的社團活動，豐富做人處事的經驗。

美國與臺灣的學術環境

1971年，李定國院士大學畢業，隔年前往美國布朗大學（Brown University）攻讀物理研究所。取得博士學位之後，分別前往紐約市立大學（SUNY）、加州大學聖塔芭芭拉分校兩校（UCSB）做博士後研究；接著，便到維吉尼亞理工大學（Virginia Tech）物理系擔任教職。十幾年之後，回到家鄉臺灣貢獻所學，進入中央研究院擔任研究員，以及在清華大學及母校臺灣大學擔任合聘教授。

在美國深造讀研究所，一路取得教授資格，中間二十幾年的時

間，李院士對於美國的學術環境相當熟悉，回到臺灣之後，明顯感
受到兩者的差異。他認為，臺灣與美國的學術環境各有好壞，其中
一個重要原因在於臺灣地方小、人口少，產生的問題就是相同研究
的人不多，不易找到同行；相反的，競爭壓力比較少，可以收到的
資源也就相對豐富一點；雖然臺灣的大學所可以運用的資源，肯定
不能跟美國頂尖大學相比，但是就整體來說，大部分的美國學校不
見得會比臺灣的學校更好。

　　李定國院士以他多年在國外研究的經驗來看，指出臺灣學校中
的許多制度都有過於僵化的缺點，不像美國很多學校都可以擁有自
主的管理辦法，行政上也更為彈性。導致整個教育制度上的限制跟
法規所造成的效率低落，無法更有彈性的去處理大部分的情況，這
都是值得我們深思的問題。綜合臺灣與美國學界與教育界的整體環
境來看，臺灣不見得會輸給國外很多的大學，而且無論是師資素質
或是硬體設備也都堪稱良善。

　　李院士也提醒那些想要出國留學的學子，出國拓展視野、增長
見識、與國際接軌固然重要，但如果不是去國外一流的大學，就要
好好考慮清楚，自己從事研究的領域，要確切知道到底想要學什
麼、獲得什麼，國外的資源適不適合自己，都必須事先規劃妥當；
如果只是為了出國而出國，那結果很可能會適得其反，反而喪失出
國深造的美好初衷。

理論與實驗相輔相成

　　李定國院士從美國回到臺灣之後，進入中央研究院，曾經與物

2012年，李定國院士自翁啟惠院長及吳茂昆所長接任為中央研究院物理研究所所長。（左起：吳茂昆院士、翁啟惠院士、李定國院士）

理學家吳茂昆院士合作研究高溫超導。物理研究是由理論與實驗相輔而成的，對此李院士選擇從事理論，而吳院士則是負責實驗工作。那麼時什麼契機讓李院士選擇從事理論研究呢？

　　在大學讀書的時候，李定國院士必須要動手做實驗，然而做出的成果不符合自己的期待，也就對實驗不太感興趣，從那時起就知道自己不適合從事實驗。他深知，做實驗必須要專注在非常多的小細節上，而且在當時設備還不夠精良，都要自己去買一些像是電阻、電容器之類的材料，自己組裝電路板，都是不容易的事情。再加上大學時做實驗出了一個紕漏，導致實驗弄得一塌糊塗，最後的期末成績差點不及格。由此知道自己不適合從事實驗，不符合自身的能力與興趣，於是選擇從事理論物理的研究。

　　雖然理論物理跟實驗物理是不同的工作，但是兩者必須互相配

合，才能收穫成果。李院士也指出，理論家與實驗家要經常溝通、交流，即使不做實驗，也一定要知道實驗在做什麼。因為理論研究的重點在於解釋現象、預測新的現象，當然必須以實驗的數據作為依據，再去判斷從實驗看到的現象，進而解釋。因此不理解實驗，也就不容易做好理論。

實驗是先設定目標，再設計組合往目標發展；理論則反之，先依據數據判斷現象，再往回推論、假設所發生的現象。對此李定國院士有個生動的比喻，他認為，研究理論就像是法醫驗屍，看到屍體狀態，回推過去所發生的既有事實，是如何發展成為現在的狀態，差別就是物理學家是用許多數學與物理原理來解謎。

凝態物理的未來發展

凝態物理（理論）是李定國院士的研究專業，專門探討物質凝聚相的物理特質，並經由物理定律來解釋凝聚相物質的行為。凝態的範圍很廣，包括固體還有液體，氣體除外；固體和液體都是可以聚集的，「作用力」在其中所扮演的角色非常重要。例如分子、原子在物體裡面的作用力是什麼？研究的是當這些物質聚在一起時會產生什麼現象？

單獨來看這些物質的特性，科學家都已經了解，如果進一步將之聚集，就會改變原本的特性。因此只有研究單獨的物質現象是遠遠不足的，互相作用往往會產生很多新的現象，常常是在毫無預警的情況下發生的，這就是「群體現象」；在量子的層次經常出現，也有非量子現象，於是李院士認為，現在傳統力學已經發展得足夠

完善，而且物理研究的尺度越來越微觀，若要有所突破、新的應用，必須由量子科學下手，這將是未來的趨勢。

對此，李院士指出，現在物理學的大方向是研究如何應用量子物理，也就是利用量子科學來做設備、材料，才能顯現量子特性。量子物理對新的科技發展越來越重要，像是要研究奈米科技時，量子科技使是十分重要的關鍵。

50年研究之路的經驗談

自1967年，李定國院士進入臺大物理系就讀，正式踏入物理學的領域，至今已超過50載光陰。從他大師級的學者角度，給想要從事科學研究的同學一些建議，指出研究物理最重要的三個能力：第一是要有一定程度的數學能力，這是非常重要的條件，因為如果數學能力不夠好，很多推導就不容易做出來，對其中很多的假設與近似就無深入的理解。不過他也認為所需要的大部份數學能力是可以經由培養及訓練而達到進步的。

第二，保持好奇心，能夠一直找出問題、提出問題，並能關注到一些常人不易發現的細節，身為一個科學家這是非常重要的能力。有問題才需要研究，如果發現不了問題，或是問題都被解決，那等於找不到研究主題，也就無從下手。李院士常常提醒學生，不要以為課程內容都是正確無誤的，因為這一切在未來都有可能被推翻；所有答案都不是絕對唯一的，要抱持好奇心，找尋問題、關注細節，這是科學家的重要能力之一。

最後一項就是溝通能力，若要從事研究，不能只知道自己專精

2001年在清華大學第一屆理論物理中心顧問委員會開會，楊振寧院士（右二）為召集人，左起朱國瑞院士、 吳茂昆院士、朱經武院士及最右的李定國院士。

的領域，其他領域也需要稍微涉獵。眼界不能太狹隘，因為可以研究的範圍太廣了，必須接觸許多不同的領域；跨領域的知識，對於自己研究的專業，有很大的幫助。尤其現在的社會極其注重團隊合作、人際互動，沒有人可以真正的獨來獨往。所以李定國院士建議，不管是做任何事情，包括科學研究，人際溝通都是很重要的。

研究的樂趣與成就感

李定國院士回國後，讓一位學生計算一個題目，雖然一直做不出來，但是他選擇熬夜在研究室繼續計算題目，整夜都不回家休息，第二天早上終於成功解題。李院士便告訴他：「你一定會成為物理學家！」果然，那位學生現在已經是在美國大學擔任物理系

1988年李定國院士在美國休士頓大學超導中心訪問時，週末釣草魚和兒子錫偉的合照。

的教授。

透過這個故事，我們知道當感受到做一件事的樂趣時，是樂此不疲的，而且是被牢牢勾住；就像釣魚一樣，過程的等待與準備雖然是骯髒的、是辛苦的，然而等待的是最後釣到魚的瞬間快感。科學研究的過程往往是辛勞艱苦的，即使大部分的時間都在浪費、受挫、期盼，然而最後成功的剎那快感，是科學家追求的美好時光，足以忘卻所有付出的汗水。李院士認為，即使研究成果不足以拿到諾貝爾獎，但也提升了人類整體的智慧；那種努力追求之後，收到的剎那喜悅與滿足感，可能是人活著的目的吧！

發現知識、創造新知，是科學家的工作與樂趣，「傳播知識」也是科學家必須肩負的責任。現在我們擁有的知識都是前人努力的成果，將知識傳播出去，後人才能繼續往前進，李定國院士深信這是科學家的社會責任，也是極為重要的使命，可以透過演講或是科普教育，將知識傳遞下去；總言之，「科學不是那麼單面的，應該有更彈性、更多元的面向。」

態度決定高度

李定國院士1996年從美國回到家鄉臺灣，把美國所有的工作全部辭掉，這是一個讓很多人驚訝的決定。因為在臺灣是完全從零開始，但是在美國已經有了長聘，而且還是教授，有人就問為什麼不先做訪問教授，等臺灣的工作穩定在辭掉。他堅決反對這樣的做法，因為他做事的態度必須是全力以赴，並且不留餘地；留有後路，就會產生退縮之心。

李院士認為在決定做任何事之前，必須考慮清楚是否要做，而不是考慮退路，或是替代方案；一旦下定決心，就不要留下後路，否則遇到困難、挫折便會有了退心。唯有如此，才能一路堅持下去。人生本來就要面對無數的挫折與困境，沒有人可以一步登天，要抱持「每個挫折都是正面的」的心態，從中吸取經驗和教訓。

每個人遇到的挫折都不一樣，要跟挫折學習，才能收穫到他人沒有的經驗，也可以學習如何解決難題，間接造就與他人的差異。克服失敗的過程是非常重要的，絕對不要放棄，才能收穫最終成果。對此李院上表示，丟到垃圾桶的研究筆記，比發表出來的多太多了，唯有一直做才能發現問題，雖然都是失敗的經驗，但是透過不斷修正方向、改進細節，不停進步成長，才能擁有最後的豐碩果實。

於是，李定國院士回首一生的經歷，以「態度決定高度」這句名言來作為成功的經驗總結，雖然自嘲這是老套的話，但是以他觀察成功人士，以及從自己人生的經驗來看，告訴我們，要以好奇、積極、熱情的態度去面對生活與工作，具備正面的態度，加上努力不懈的堅持精神，遇到困難不畏縮，不輕言放棄，從失敗中成長，離「成功」也就不遠了。

致力物理基礎研究
領航臺灣科學嶄新篇章

陳建德院士

陳建德院士

● 現職
　國家同步輻射研究中心特聘研究員

● 當選院士屆數
　第23屆（2000年，數理科學組）

● 學歷
　國立臺灣大學物理學士（1976）
　國立臺灣大學物理碩士（1980）
　美國賓夕凡尼亞大學物理博士（1985）

● 經歷
　美國貝爾實驗室研究員及軟X光能譜學研究群主持人（1985-1995）
　美國「國家同步輻射光源」U4B光束線及實驗站主持人（1987-1995）
　行政院同步輻射研究中心籌建處研究員兼副主任（1995-1997）
　行政院同步輻射研究中心籌建處特聘研究員兼主任（1997-2003）
　國立臺灣大學物理系所合聘教授（1998-2006）
　國立中正大學物理系所合聘教授（1999-2000）
　國家同步輻射研究中心特聘研究員兼主任（2003-2005）
　國家同步輻射研究中心特聘研究員（2006-迄今）
　臺灣光子源同步加速器興建計畫總主持人（2010-2014）
　美國ALS、中國SSRF、義大利Elettra及韓國PLS同步輻射設施之國際諮
　議委員以及其他多項國際性或國內外科學相關委員會委員

●研究專長

凝態物質之電子及磁性結構

軟X光能譜學及散射學、同步輻射儀器研發

●榮譽：

美國賓大Werner Teutsch紀念獎（1981）

美國賓大第一屆科學及藝術學院學者獎（1984）

世界百大（R&D100）研發獎（1988）

美國貝爾實驗室特殊貢獻獎多次（1987-1995）

傑出人才發展基金會講座（1995-2003）

美國物理學會會士（1996）、臺灣物理學會會士（2001）

中央研究院院士（2000）、世界科學院（TWAS）院士（2007）

臺灣物理學會特殊貢獻獎（2016）、總統科學獎（2017）

陳建德院士於2021年4月10日接受採訪。

眼看計畫難以達成，陳院士跟其他六位主持人說：「如果真的無法在半年內完成計畫，我們不能責怪同仁，我就送給各位一條白絲巾，七個人一起到東門城請罪。」

陳建德院士畢業於臺灣大學物理系、賓夕法尼亞大學（University of Pennsylvania）物理博士，專精於凝態物理、軟X光能譜與散射等領域。他是現任國家同步輻射研究中心特聘研究員、中央研究院院士以及世界科學院院士；曾擔任多項國際性或國內外科學相關委員會委員，以及曾獲得臺灣物理學會特殊貢獻獎與總統科學獎等諸多殊榮。

陳建德院士畢生致力於物理學基礎研究，喜歡研發先進的科學儀器、突破技術極限，以探索自然界的奧秘，發掘新的知識與現象，對於世界科學研究與發展貢獻卓著。曾首創高解析軟X光分光儀，在能譜學及凝態物理具有先驅性貢獻，並且引領臺灣學術界完成我國史上規模最為宏大的跨領域共用尖端實驗設施，為臺灣的尖端研究奠定深厚的基礎。過去三十餘年，他的豐碩研究成果，帶給國內外學者許多啟發，是一位具有全球影響力的物理學家。

天生的物理學家，坎坷的求學生涯

陳建德院士在科學研究的成就斐然，然而在大學的求學時期卻不那麼順遂，因為他是一名「偏科」學生，擅長數理科目，語文科目完全不擅長。高中畢業，考試不如人意，僅考上大同大學工學院機械系。然而沈醉於物理研究，決定重考，最後考進臺大數學系。

陳建德院士小時與父母兄姊全家合影於高雄縣，父親抱的就是陳建德院士。（1958）

讀了一年，深覺自己還是更喜歡物理，便又轉到臺大物理系。

陳院士擅長邏輯分析的科目，自述由於記憶力不好，不擅長需要背誦的文科，學起來很吃力，甚至常常不及格。據他回憶，當初在大學時期印象最深刻學期成績，英文48分，德文47分，國文52分，從大一到大四經常會有學科被當，甚至到了大四還得為了學分，勉強跟大一新生坐在同一個教室裡面上必修課。陳建德院士笑著說道，最後居然依靠老師高抬貴手，才順利及格，取得畢業證書。

他在準備申請國外研究所的時候，GRE（Graduate Record Examinations）英文考試的成績也沒有很好，只有520分。當時美國的研究所，GRE的門檻是550分，大部分學校都無法申請；再加上大學成績受到「偏科」影響，以全班倒數第三名的成績畢業，也遭許多學校拒之門外。然而GRE物理考試成績是滿分，數學也是考了

非常高分，最後被賓夕法尼亞大學「收容」。陳建德院士很感激若沒有這樣一所明理的長春藤大學，不太計較英文分數，更著重物理成績，今天他很可能不會走上實驗物理與同步輻射的研究道路。

登山與旅遊經驗，拓展人生不同視野

　　大學時期，學業固然重要，而休閒娛樂以及愛好，同樣也是生活的重要一部份。陳建德院士在大學時期，最愛的興趣是爬山，因此加入臺大登山社。大二上學期把臺灣的五嶽三尖爬完，但也出了兩次山難。第一次是在南湖中央尖縱走，預計攻頂中央尖山，結果登山團隊在剛爬完南湖大山後就迷路了。陳院士回憶起當時天氣不好，體力早已消耗殆盡，加之睡眠不足，走到一半，眼前突然一片黑暗，完全看不見任何東西。於是，無法攻頂，鎩羽而歸，整個行程也比預定多了三、四天，後來還是依靠登山社的同學出來搜救，才勉強下山。

　　第二次山難，則是跟登山社的好友一起從中央尖溪溯溪倒攻中央尖山。然而路途多舛，同行的朋友不小心走到一個傾倒的大樹幹上而滑倒，手臂骨折，只能用帳篷的營柱簡

陳建德院士於學士畢業典禮當天，與家人合影於臺灣大學。（1976）

單固定；而且眼鏡也摔碎了，看不清楚路況，也不能繼續登頂，便開始返回，兩人就好像瞎眼的背瘸腿的，花了好大的力氣才成功下山。

原本陳建德院士預計是在大一攻完五嶽三尖，然而在攻頂中央尖山的時候，連續兩次都不幸遇到山難，無法在預期的時間內完成。最後多花了半年時間，總共一年半，才成功在第三次攻頂中央尖山，達到目標，也是當時臺大登山社用最短時間攻頂五嶽三尖的社員。陳院士喜歡爬山時在高山上可以感受那心曠神怡、天人合一的殊勝境界，因此才會對於登山樂此不疲。

除了熱衷爬山以外，陳建德院士亦喜歡到世界各地去旅遊，欣賞自然風景，體驗異國人文。他亦曾踏足南極洲，在七大洲都留下足跡。南極洲的風景讓他印象非常深刻，尤其是在岸上的生態之旅，沿路上大約可以見到五萬隻企鵝，還有鯨魚、海豹、海鳥等等野生動物，更可以體驗在冰原上睡一晚。他笑說人生值得去一次南極洲，一睹冰山的壯闊，親身歷見極寒之地的生態獨特風貌。

良師建議，啟發投入軟Ｘ光領域

陳建德院士從臺大取得物理碩士學位之後，跨越藍海，到了美國賓大繼續在物理領域深造，攻讀博士。通過博士班資格考之後，便要開始考慮之後要從事理論物理、還是實驗物理的研究。思來想去，不能不顧慮現實層面，做理論要有出類拔萃的成果極為不容易，未來也不好找到工作；加上自己從小便喜歡動手組裝東西，自製一些小玩具，組裝手錶等等，所以最終下定決心要朝向實驗物理發展。

剛好世界知名的表面物理學家沃德‧普拉默（Ward Plummer）

教授，在賓大利用同步輻射做科學研究，於是陳建德院士加入普拉默教授的研究團隊，普拉默教授也成了他的博士論文指導教授，還親自帶領他到美國三座不同的同步輻射設

陳建德院士偕夫人與博士論文指導教授Ward Plummer合影於臺北。（2000）

施做實驗，他與普拉默教授亦師亦友的情誼亦由此而起。

　　陳院士到現在依然極為懷念兩人一起做實驗的時光，當時的儀器不像現在這麼精良，收集數據的速度很慢，兩人常常一起輪夜班，一次就是14小時的工作時間，還會一起在實驗室的電腦前面打瞌睡。除此之外，在辛勞的工作時間結束之後，也會一起去酒吧喝酒放鬆身心。陳院士回憶至此笑著說，在史丹佛同步輻射光源（SSRL）做實驗時，每次實驗只要告一段落，兩人就會一起去喝咖啡，結果太常喝咖啡，導致後來接觸到咖啡因就會引發心悸，也因此他現在不能喝咖啡了。普拉默教授和陳建德院士是同心協力的伙伴、既一同埋首研究、又能互相談話休閒，點滴下來是深厚的師生情。

　　普拉默教授也讓陳建德院士親身見識了實驗科學家的創造力，這種不斷精進實驗儀器的科研策略影響陳院士極深。陳院士的科研

生涯在於物理學基礎研究，同時也喜歡研發前所未有的儀器來探索自然界的奧秘，發掘新的知識與現象。不論是他自己、普拉默教授，還是後來有緣深入認識的李遠哲院長、丁肇中院士等，實驗科學家總是會想盡方法設計出一台前人沒有的儀器。儘管有好的材料、對的題目也可以做出非常出色的科學，但是如果有一個突破性的科學儀器，往往會帶領整個領域往前衝。

兩人的友好互動讓陳建德院士最為懷念，然而更重要、更深刻的是普拉默教授對他的寶貴建議。一次，普拉默教授開車載陳建德院士去舊金山機場的途中，建議陳院士做研究要往高處不勝寒的領域發展。盡量不要找那些已經很多人在研究的領域，要在人群之中有出類拔萃的成果極為不易，在冷門的領域努力，更有機會可以開創出一片嶄新的天地。他還邀請陳院士加入他的研究計畫，在美國國家同步加速器光源（NSLS）的X光儲存環建造光束線。雖然陳院士已經打算畢業之後，要到貝爾實驗室（Bell Labs），不過當時他還是答應與老師一起合作。即使最後兩人合作建造光束線的計畫，沒有按原訂時程完成，不過這次的談話依然給予陳建德院士很重要的啟發，讓他後來能勇敢地投入當時非常冷門的軟X光領域。

貝爾實驗室時光，回憶夥伴合作經驗

1985年，陳建德院士取得賓大物理博士學位，旋即來到貝爾實驗室，當時沒幾個人在軟X光領域研究。但他憑著不畏寒冷的決心，從事凝態物理軟X光能譜學實驗，後來他發明了高解析軟X光分光儀，並跟同事Francesco Sette一起爭取經費建造專屬於貝爾實

陳建德院士與他
所建造的軟X光能
譜學實驗站，攝
於貝爾實驗室。
（1987）

驗室的光束線，僅用18個月便成功出光，建造了世界第一座高束流、高解析的「龍光束線」（Dragon Beamline），由此開創軟X光能譜學的新領域，突破物理學界一直難以解決的障礙，創下能量解析力一萬的世界紀錄，享譽國際。

然而，不可能事事都如意，縱使在貝爾實驗室取得斐然的成就，依然背後有著不為人知的困難及逆境。比方說，實驗有時候會遇到困境，或是不順利的時候，心情也會跟著非常低落。這時就需要幾位夥伴、朋友，在身邊互相鼓勵支持，才不會自己懊惱不已，也能有動力繼續堅持下去。

陳建德院士分享一個親身經歷的故事，他曾經在與一位夥伴合作實驗的過程中，因為一個電子模組壞掉導致實驗無法繼續，於是兩人就在整個實驗區尋找相同的模組，最後就在一個不知道物主的機箱上面拆了一個一樣的組件，情急之下也忘了張貼借用留言。就在到手的瞬間，物主從實驗室走出來，他們馬上被當成現行犯抓起

來，還告到主管那邊。幸好後來在清楚解釋、誠懇道歉，並在夥伴互相支持下，事情終有解決。同伴之間互相扶持、互相幫助、互相依賴，一同承擔，一同堅持，友好的夥伴往往是成功的重要關鍵。

毅然返鄉奉獻所學，推動臺灣科學發展

1995年，陳建德院士下了一個重要的決定，離開工作了十年的貝爾實驗室，決心回到家鄉臺灣，進入國家同步輻射研究中心（NSRRC）工作。當時的貝爾實驗室與產業的連結愈來愈強，對醉心於基礎研究的科學家而言，研究需與產業相關是一種無形而又巨大的壓力。加上貝爾實驗室對同步輻射研究的重視漸漸減少，多位此領域的科學家都陸續離開，並跑到世界上幾所知名的同步輻射設施去；反而，那時臺灣對科學基礎研究相當重視，在價值觀及認同度的考量下，陳建德院士最後下定決心離開貝爾實驗室，返臺推動同步輻射領域的設施發展與科學研

陳建德院士與貝爾實驗室同事Francesco Sette於座落在NSLS的龍光束線前合影。（1988）

究。

陳院士回憶當初是想在美國的大學找一份教職，邊教書邊從事研究。然而同屬同步輻射領域的梁耕三博士建議他，在異地與同儕之間

陳建德院士全家喜愛攀登大山，返臺後，與家人攀登奇萊北峰，合影於山頂。（1996）

互相競爭，壓力很大之外，也不容易做出太亮眼的成果。即使在美國的研究機構擔任主管，想要追求更大的影響力，但仍會有一個隱形天花板存在，多方掣肘，不容易突破。與其留在美國科研的大池塘裡面當一隻小魚，不如回到臺灣，影響力與貢獻會更大，勸說他回到臺灣才會獲得更多的機會在自己喜愛及專業的領域發揮所長。

雖然陳院士動念想回臺發展，但其家人仍因現實考量而有些躊躇，其中最讓他們擔憂的就是小孩返臺後安排學業的問題。剛好那時中央研究院院長李遠哲院士正在準備成立傑出人才發展基金會，並積極協助處理陳建德院士的顧慮。後來在傑出人才發展基金會每年提供一百萬新臺幣以及小孩在臺學費的獎助下，陳院士再也無後顧之憂，舉家拋下美國的一切毅然回到臺灣奉獻所學。

軌道周長120公尺的「臺灣光源」（Taiwan Light Source）是臺灣第一座同步加速器；軌道周長518公尺的「臺灣光子源」（Taiwan Photon Source）則是能量為30億電子伏特、儲存電流為500毫安培的最先進同步加速器。（2018）（陳建德院士提供）

克服萬難，興建「臺灣光子源」

2004年，陳建德院士有鑒於「臺灣光源」能發出的X光亮度較弱，無法與國際上的先進設施競爭，所以與多位科學家完成了「臺灣光子源同步加速器籌建可行性研究報告」，結果顯示臺灣已有足夠的技術與實力，可以建成一座能量為30億電子伏特的超高亮度光源設施。於是，他與他的團隊便向行政院提出在國內自行建造「臺

灣光子源」同步加速器的計畫。

　　在全國學術界與科技界的支持之下，行政院於2007年3月原則同意「臺灣光子源」興建計畫及預算案，在國家同步輻射研究中心原址興建一座嶄新的同步加速器。2009年6月正式核定預算約70億新臺幣的修正案，由陳建德院士擔任該計畫的總主持人，並於隔年2月舉行「臺灣光子源興建工程」動土典禮。最終以不到5年的時間，在2014年建成周長518公尺，以非常接近光速的超低束散度電子軌道運行方式，產生超高亮度X光光束的同步加速器光源設施──「臺灣光子源」。

　　這座臺灣有史以來最大的科學實驗設施「臺灣光子源」，在經過陳建德院士等學者的不懈努力，試車成功之後，發出超亮的光芒，一躍成為世界頂尖的加速器光源設施，各大知名科學期刊紛紛報導，引起國際科學界注目。

突破重重難關，完成厥偉使命

　　陳建德院士在建造「臺灣光子源」上取得卓越的成就，最終成果也具有時代里程碑之意義。然而，越是光鮮亮麗的成果，背後承受的壓力及付出的心力，往往也是難以想像。他更是認為那是人生最低潮的時間之一，因為曾一度無法試車成功，不過好在有團隊互相依賴、鼓勵以及分擔壓力。

　　當時在試車的時候，整個團隊總共有七個主持人：一個總主持人，一個共同主持人，以及五個分項主持人。陳建德院士憶起，在同步加速器建好而且試車兩個月之後，增能環還是無法將電子束加

速到30億電子伏特，一直維持在大概10億就上不去。眼看計畫難以達成，陳院士跟其他六位主持人說：「如果真的無法在半年內完成計畫，我們不能責怪同仁，我就送給各位一條白絲巾，七個人一起到東門城請罪。」

抱著破釜沉舟的決心，歷盡艱辛，當人盡了全力以後，老天似乎也會特別眷顧。早在動土典禮開始之前，陳院士與建造團隊有去台積電附近的土地公廟拜拜，祈求工程順利完成；但是在建成後、試車前，卻忘記再去拜拜稟報狀況。後來在朋友提醒下，陳院士就與團隊一同回去拜拜，並且擲筊請問上天何時才可以出光，顯示在新曆年後、農曆年前的這一個月左右的時間內，將會成功達到儲存電流30毫安培的試車目標。雖然獲得此回覆，但成功並非上天掉下來的，團隊同心協力才是真正的關鍵。

請示後的第八天，團隊中的一位同仁偶爾在測試法蘭片是否有磁力時發現，磁鐵被真空用的不鏽鋼橢圓管子吸住了。陳院士聽後便馬上召集團隊到磁鐵實驗室做實驗，把有導磁性跟沒有導磁性的管子，分別放在二極磁鐵、四極磁鐵的中心去量管子內的磁場，結果磁場被有導磁性的管子改變了2%，比允許的0.2%誤差大了10倍。於是他決定拆下整座增能環的橢圓管子，並將100多支的橢圓管子送到臺南做熱處理，結果在不到1個月內，就把處理過的管子通通組裝上去，再次試車。之後就捷報不斷，電子束可被增能環加速到30億電子伏特，到了2014年年底，同步輻射成功出光，而且儲存環的電流可達5毫安培。

不過結果依然無法讓陳院士感到滿意，他相信人定勝天，應該可以在上天指示的時間之前衝到30毫安培。然而，之後的嘗試卻一

直無法超越5毫安培，因為儲存環真空系統的壓力將會暴增，風險會大大提高。2015年元旦過後，他們開始用同步輻射的光束做真空系統的清洗工作；沒想到到了一月中旬左右，真的在上天指示的時間範圍內達到30毫安培的試車目標。這次神奇的經歷也讓陳院士深信這一定是上天交付的使命，在排除萬難後一定可以成功。

強調基礎研究，開創未來科研願景

如今，陳建德院士從美國返臺已有26年的時間，對於國內外的科學界都有很深的認識與了解。他表示，在他剛返回臺灣的那段期間，政府對於科學基礎研究相當重視，全國基礎研究的經費每年也都有成長；然而最近幾年為了拼經濟、拼產業，實質上分配給基礎研究的經費卻越來越少，這是一件很令人憂心的事情。他強調，經濟與產業的發展是很重要，但經濟與產業創新的源頭正是科學基礎研究，因此政府應該更重視這一區塊。

陳建德院士舉例，百年前的科學家們好奇研究電磁現象、繞線圈、做磁鐵，今天才能有最先進的馬達，家電和電動車產業才有發展的機會。網際網路（Internet）的出現，也是依賴當初高能物理學家，為了高能物理基礎研究，需要傳輸大量的實驗數據，其建立的一套系統就是今日網際網路的雛形。現在非常重要的半導體產業，其源頭也是貝爾實驗室的蕭克利、巴丁和布拉頓（William B. Shockley、John Bardeen、Walter H. Brattain）三位科學家於1947年所做的半導體基礎研究（1956年獲頒諾貝爾物理學獎）。因此科學基礎研究擁有不可以輕忽的重要地位，如果沒有科學研究作為基

陳建德院士在國家同步輻射研究中心迎賓大廳的光字前留影。（2017）

礎，也就沒有新知識、新發現，那麼後續產業的發展也就不可能有所創新與突破。

　　然而，我國在2019年基礎研究的支出只占整體研發支出的7％，遠低於經濟合作暨發展組織（OECD）成員國的平均值24％。陳建德院士建議，政府應以OECD的平均值做為逐年增加基礎研究經費配比的長期目標，強化臺灣基礎研究的國際競爭力、提升國際學術地位、豐沛產業技轉和創新的源泉。

興之所至，成就斐然

陳建德院士潛心研究，多年不怕艱辛、不怕疲累，回頭仍然笑言興趣是最重要的。他認為國家還是要努力去形塑環境、創造機會，讓每個人能適才所用、安居樂業、追求夢想；他亦勸勉年輕人要抓住自己的興趣，感興趣的事可以連續幾天睡很少也不覺得累，不感興趣的事沒一下子就不耐煩了。此外，他也談到歷史上的確有些人受到上天的恩寵、或是天選之人，有超常能力做出極為重大的發現和發明；然而，天賦並非如此高的人，憑著努力仍然可以做出非常好、非常紮實的研究。

在少年時期，陳院士清楚知道自己的未來在數理科學；喜歡動手組裝，所以從事實驗物理的研究；重視科學基礎研究以及尖端科學儀器的發展，藉由先進設施，來一窺肉眼所見不到的自然界之奧妙。留學美國，進入知名的貝爾實驗室，發明「龍光束線」，突破科學界的障礙，重新定義軟X光領域，轟動國際，創下世界紀錄。

帶著豐富的科研經驗，返臺回鄉貢獻所學，進入國家同步輻射研究中心，建立頂尖之軟X光研究團隊，並且主持建造同步加速器光源設施「臺灣光子源」。成功打造世界最亮的科學神燈，成為國際尖端設施，引領臺灣科學界走向全新高度。回首一望，卓越貢獻，斐然成就，拓展科學研究領域，突破時代技術極限，開啟臺灣科學嶄新篇章，引領臺灣學者投入尖端科技。陳院士卻謙虛的認為，自己沒有上天給予的超常天賦，只能勤勤勉勉的做研究，在上天的庇佑下貢獻一己之力，協助推動人類文明的發展。

解碼腦神經開端
見微知著的腦科學秘密

江安世院士

江安世院士

簡 歷

◉ 現職
國立清華大學特聘講座教授

◉ 當選院士屆數
第30屆（2014年，生命科學組）

◉ 學歷
國立中興大學昆蟲系（1981）
國立臺灣大學植物病蟲害系碩士班（1983）
美國羅格斯大學昆蟲學博士（1990）

◉ 經歷
美國羅格斯大學博士後研究（1990-1992）
國立清華大學：生命科學系副教授（1992-1997）、教授（1997迄今）、
生物科技研究所所長（2002-2008）、腦科學研究中心主任（2004迄
今），講座教授（2007 2014），特聘講座教授（2014迄今）、生命科學
院院長（2014迄今）
法國國家科學研究院神經生物實驗室訪問學者（1997）
美國冷泉港神經生物實驗室訪問學者（2001-2002、2006）、兼任教授
（2006-2008）
行政院國家科學委員會生物處生物學學門召集人（2005）
中央研究院基因體研究中心合聘研究員（2008迄今）
國立交通大學生物科技系講座教授（2010迄今）
美國聖地牙哥加利福尼亞大學：Kavli腦與心智研究所（KIBM）國際教
師（2011迄今）、腦活動測繪中心科學顧問（2013迄今）
冷泉港亞洲科學顧問（2013迄今）

● 專長

　　腦科學、神經基因學、生物影像

● 榮譽

　　行政院國家科學委員會傑出獎（2004、2010、2013）

　　傑出人才基金會傑出人才講座（2007）

　　教育部學術獎（2007）

　　行政院傑出科技貢獻獎（2008）

　　世界科學院（TWAS）生物學類獎（2012）

　　終身國家講座（2015）

江安世院士於2021年4月30日接受採訪。

「我們一生學了太多這種沒有意義的資訊，可是對每一個人
有意義的資訊是不同的，這就是為什麼我沒有辦法跟你說甚
麼事該記或甚麼事不該記，每一個人需要認識自己的天賦，
依著自己的興趣與需求學習，進而發展出獨特的價值。對我
來說大腦就是最令人驚奇的大自然演化產物，探索大腦的奧
秘，讓我在這三十年每天都覺得神奇不已。」

轉換視角，熱愛生活

大自然千變萬化，細細體察其中的道理，經常發覺人生亦然。
而社會與科技的進步亦如同此理，我們順應著這些變遷去成長，在
這過程中熱愛自己與生活。

動物、植物、宇宙現象背後的原理，都是江安世院士樂衷去認
識與思考的議題。大自然的奇妙設計經常令人出乎意料，在近百年
來的科學發展之前，種種規律與定理便已經存在，只是這些驚喜尚
在慢慢被發現、挖掘、理解、掌握。過去深信不疑的邏輯之外，還
有更為重要的事是回歸自身最直觀的感受，主觀地喜歡生活中的美
好事物，不必因為考試壓力才去學習、認識，也不必因為受旁人眼
光才去欣賞、關注，這才是好奇心維持生活熱忱的永久動力。

探求自我，尋覓光點／擺脫隧道？

訪談中，我們問及院士關於「一切的開端」，是不是有特定一
件事、一個人，作為領域的啟蒙。院士笑說，記者和年輕人都很喜

2008年7月受諾貝爾大師詹姆斯‧杜威‧華生博士（James D. Watson）
邀約，攝於華生家門前。

歡問這個問題，然而真正的人生並不是編撰好的傳記，照本宣科。
如同大自然的演化依著偶發與需求而進展而非預先設定，他的一生
反而是憑著直覺跌跌撞撞，藉著喜歡美好及新奇的事物，探索自己
的內心世界，在追尋美好的過程中，不知不覺便走了很遠的旅程。

　　江院士回憶讀書年代，想起自己考高中時的成績比最後志願的
一間高中分數線還低一百分，他說：「不喜歡的事物我就學不好，比
如被逼著讀沒興趣的書很少人會喜歡，我當年不喜歡，現在也不喜
歡。可是我發現自己能在喜歡的領域裡做得很好。」儘管自己熱愛
且忠於的事情少，但是在少數「做得很好」的事情裡，讓他產生了
信心，「我覺得當一個科學家很重要的是，要有一個很強的好奇心，
找到他自己的興趣，解決問題的熱誠，沒有能力就會自己裝備。」

　　或許小時候不喜為考試讀書，覺得自己成績不好是因為沒別人聰明，長大後才知道自己個性不喜常軌，喜歡發現新奇美好的事物，「一直到做研究的時候，才知道這是我的強項。」追尋目標並非盲目追光，院士以「隧道效應」說明他所觀察到的狀況。

　　院士解釋道：「隧道效應是，當一個人在隧道裡面，因為四周都是黑的，只能專注在面前的一個光點，便會下意識地一直往前走，為什麼？因為那是最緊急的。」人、動物，都有在黑暗中尋覓光點的本能，當生活滿滿當當，又遇見緊急要務、很危險的時候，就只看到也只會做這件事情。很多人有太多緊急的任務要處理，卻沒有規劃好要去做更為遠大重要的事。為什麼？因為緊急的事情他就應付不來了，他把自己填得滿滿的。「多數的人知道什麼很重要，但卻做了很多不必要的事情。」在隧道裡一路追光，卻去了不是自己想要去的出口。

專注自己，走好腳下

　　年紀增長後，江院士發現自己一路避開了名為「隧道效應」陷阱，「我一路走來都很悠閒，凡事都沒有花太多的心思，所以我有很多時間去欣賞大自然，做自己喜歡的事情，我認為這是一個祝福。」也因為生活的留白，生活多了些情趣，也藉此機會開拓自己的視野。

　　「人家要一百分，我不要，我要突破、驚喜，要超出自己想像的，可是不必每件事情都這樣，這樣生活壓力太大了。」不必隨波逐流，不必在乎別人跑得比自己更快，了解自己的能力性質，給自己留點空間，但是在明確的目標上，則是持續努力做到卓越，那最

後走到終點的就會是這個留白的人。

然而人生路上並不一定是一條康莊大道，時有岔路，也會碰上不好走的路，江院士又是怎樣面對困難和勉勵後來者挑戰重重障礙呢？

「『得之我幸，不得我命』是一種比較庸俗的說法。」這就像大自然有冬天也有春天，不能說一定就是春天好、冬天不好，因為春、夏、秋、冬都有它的美好之處。碰到的挫折，表面看來艱苦不堪，換個角度想，也許這個挫折是另類的祝福。我們都讀過美國詩人羅伯特・佛洛斯特（Robert Frost）的作品〈*The Road not Taken*〉（譯：〈未竟之路〉），說黃樹林裡有兩條分岔的路，卻無法同時並行，只能選擇其一。江院士說，訪談當天早上，他正好與學生提起這樣的話：「好好享受你現在的挫折所帶給你的挑戰，如果你真誠的邁向嚮往的目標，路途中的困難都將是日後回憶中美麗的風景！」

生活留白，減輕壓力

江院士也從留白話鋒一轉到腦的設計，「一個聰明的腦袋，不是記憶力好而已，記憶力雖然必須，但是記憶力最好的腦袋卻是很笨的。」全世界大約有二十多個案例是關於人類擁有過目不忘的能力，他們的眼睛就像是照相機，看過的事、每個細節都記的一清二楚。院士舉例問我們：在來訪談的路上遇見了多少人？我們都不記得。「但事實是，擁有影像記憶的人是全部都記得的，你說他有多痛苦？」

院士接著又以風扇轉動的聲音為例，比如現在的我們聽見了風

扇的聲音，在提起這項物品後，要求我們不去聽它轉動，卻發現沒有辦法，因為聽覺無法主動關閉。然而，五分鐘前的風扇轉動聲卻是怎麼也想不起來，理智上說，我們告訴自己應該要能聽見，並且隨時都聽得到，我們只是沒有注意到而已。這是一種動物對於周遭危險的本能，聽到了卻僅有極短暫的記憶，是因為電扇轉動的聲音只需當時警覺，不過是生命中的無用資訊而已，無須留存為長期記憶。

「我們一生學了太多這種沒有意義的資訊，可是對每一個人有意義的資訊是不同的，這就是為什麼我沒有辦法跟你說甚麼事該記或甚麼事不該記，每一個人需要認識自己的天賦，依著自己的興趣與需求學習，進而發展出獨特的價值。對我來說大腦就是最令人驚奇的大自然演化產物，探索大腦的奧秘，讓我在這三十年每天都覺得神奇不已。」大腦有各式各樣的特性，無用的資訊會忘卻，重要的會被記住，是為什麼會這樣子的呢？有關大腦的問題總是讓江院士想去尋根究底，在追尋大自然精妙設計的路上，充滿奧秘又精巧萬分的大腦很自然成為江院士的研究對象。

腦與人類，科學世代

在訪談中，江院士把腦科學的發展娓娓道來。人類大概從有意識以來，就想要研究腦，以前的腦科學並不叫腦科學，開始時是「神學」，神學之前是生物的繁殖，兩性之間，一切思維。神學之後哲學開始出現，哲學之後，有一段時間是算命，叫做「顱相學」，比如腦袋前額較大可能比較聰明，枕葉較大可能視力比較好。頭顱學之後才有心理學，心理學之後是神經科學，神經科學之

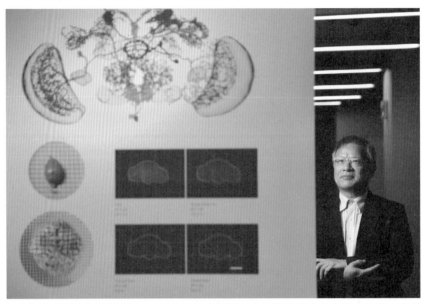

江安世院士領導的腦科學研究中心為四十幾個跨校和國際實驗室聯合組成的單一目標跨領域研究團隊，其任務為研究記憶形成的分子與神經迴路機制。（教育部《高教創新》，劉國泰攝）

後才是綜合的腦科學。

　　人類開始對自己的腦袋有所理解到現在，大約一百二十年左右，是從上個世紀開始的。西班牙的科學家桑地牙哥‧拉蒙卡哈（Santiago Ramóny Cajal）利用特殊染色法讓神經細胞完整的在顯微鏡下現形，他觀察到了從不同神經細胞本體延伸出來許多神經纖維，並推論形成的網絡狀末端之間並非直接串連，提出了「單一神經元學說」，後續引發了一連串的重大發現。從神經細胞本體延伸出來的網絡狀神經纖維被命名為樹突，較粗長且少分支的纖維為軸突，樹突與軸突之間的接觸點叫做突觸；之後有科學家又發現了突

觸之間是以化學物質傳遞神經訊息。過了上個世紀一百年，腦科學大致了解神經細胞間如何傳遞資訊，諸如利用什麼化學物質交談、如何接收不同的化學語言、如何傳遞、處理、交換、儲存等各類訊息。有了這些基礎知識，當今的腦科學家終於可以開始面對其終極挑戰：理解記憶與意識。

　　一直到上個世紀末，腦科學的研究才進入系統化。世上所有的社會網絡沒有比腦袋更精緻的，腦袋是個很複雜的社會，大概有一千億個成員，每個成員大概跟其他兩三千個成員交談，所以約有10^{23}個交匯點，大概跟宇宙的星球數差不多。

　　地球上任兩個不相識的人，約只需要透過四到五個人的串聯，便可能建立關係，這就是小世界理論。江院士以人與人之間的關係比擬腦袋神經細胞的網絡，每個人之間的連結可能都是他人，說不定我們可以透過四、五個人的層層關係，就能與名人產生連結。這

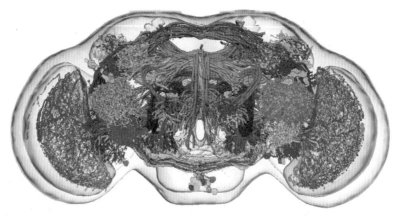

腦科學研究中心團隊繪製果蠅頭部三維腦神經網路體連結圖譜。
（江安世院士提供）

是一件很有趣的事，人就像小小的接觸點，快速支撐起世界的關係網絡，腦袋中的網絡也是如此。

我們問江院士最初做研究時為何會選擇從蟑螂開始。院士回答：「要理解複雜的問題，要先從簡單的開始。人腦如此複雜，研究做了一百年才剛剛要開始理解記憶。科學的見證教我們，一切從簡單的開始。最簡單又最小的腦袋，你會想到什麼？條件是要看得到、又有複雜行為。」其實答案顯而易見，就是昆蟲。大自然已知的昆蟲約有六百萬種，江院士選用一種非常獨特的甲蟲蟑螂（beetle cockroach），研究牠的大腦如何調控內分泌與生殖。「那是在地球上唯一已知的一種真胎生蟑螂。很多生物是卵胎生的，卵在母體內，生出來是寶寶，什麼是真胎生，是胚胎成長的營養源自母體而非卵。而這是全球唯一找到的真胎生蟑螂，牠的母體裡面還有假子宮，假子宮裡還有乳腺。」

確實，這樣的描繪，聽起來與人類沒有兩樣，可它真真實實發生在這種蟑螂身上。以此，科學家試圖了解腦細胞如何控制內分泌，進而控制胚胎發育，繼而控制生殖現象，江院士就是這樣開啟了一趟大自然的奇妙旅程。

人文、科學，相輔相成

在科學的進程裡，不斷有人爭辯科學家遇到的十大難題中，何者居冠。一項問題關於宇宙，一項問題關於腦科學。江院士說，他一直沒有接觸天文領域，但他很佩服，天文如是，物理如是。生命科學中的腦科學與物理學的合作，是國際少有，然而，生命本身就

是一種最精緻物理化學現象，新奇的令人著迷。就像基因，DNA雖然是一樣的，但在轉錄成RNA時卻受到許多關鍵因素影響。例如同卵雙胞胎有相同的DNA，但他們的RNA和蛋白質表現狀況卻有可能出現個體差異，甚至每個基因表現的時間點會不一樣，這就是後天及環境造成的差異，也是生命科學迷人之處，永遠有意想不到的變因出現，讓人對它充滿好奇的想探尋。

科學的解答，會用上大量的時間和精力，也就是說，儘管這是一個不斷詢問為什麼並解答的過程，但人類卻還是得挑著問題問。比如什麼呢？院士說，比如人類不知道的，比如對生活影響重大的。

2020年，生命科學發生三件大事，人類生活將自此不同。第一件是大家熟知從一月開始的COVID-19，而八月至九月間發生了兩件江院士覺得會比COVID-19對人類造成更長遠的影響而一般民眾又不留意、不知道的大事。

第 件事是，基因剪刀（CRISPR）拿了諾貝爾獎。這是一項可以讓人隨心所欲地編輯生物基因的技術。 數年前，中國悄悄地以基因剪刀進行了第一個人的胚胎改變基因的研究，當時全世界也指責這種改基因的研究。然而到了2018年，歐美國家紛紛都投入了人體基因改造的研究了，但是臺灣多數人都不知道。我們可以預期基因編輯應用在要求自己的小孩眼睛要多大、或是指定眼睛的顏色、身體要健康等的時代已經來臨了。

第二件事情是，Elon Musk發表Neuralink的技術成果。Elon Musk是特斯拉（Tesla）的老闆，他創立了四家公司，其中特斯拉是在地上跑的，另外一家是Space X，進行發射火箭、移民火星等

計畫,另外一家是The Boring Company,專研隧道建設,以後人類要直接在底下快速橫行。Neuralink是利用植入式腦機介面技術,把電極插到腦袋裡頭,進行無線傳輸。目前已經有實驗案例為猴子透過Neuralink並直接以他的意識來打電動玩具,而且還打得比沒打過的人還好。換而言之,在人類的未來裡,人類即將跟電腦變成互聯網。

根據這項技術想像未來腦機介面有可能的發展,人類可與電腦連通,例如回家前可以讓家裡的電燈、空調先打開,單純用想的就能控制電腦。「不過,我一個科學家無法處理倫理的問題,基因編輯及腦機介面的應用都需要人文領域來協助,只可惜人文的人可能連這些即將全面改變人類生活的發展都還不知道。」

腦科學家在實驗室中已經可以遠程操控動物行為,這卻不是一項新興的科技,早在十年前便已經開始發展,只是現在把這些技術商業化、帶到大眾視線前。這樣的技術聽起來似乎會與生命倫理產生一定的衝突,可是,科學在發展,這件事是無法阻擋的,即使是自己不動手做的研究也總會有別人接手,以前的試管嬰兒變成現在的「基因被編輯的嬰兒」就是最好的例子。科學的確可以解決很多人類的問題,江院士又舉了另一個例子關於如2017年時《NATURE》刊登了第一個植物人的腦部神經研究。只要植入一顆小小的芯片就可以治療癲癇症,讓患者可以不受癲癇症困擾,正常生活,然而當中涉及的人道問題是需要思考的。

「所以,人文很重要,臺灣不能沒有人文。」人文很重要的原因在於,它可以將極端的科技發展、無止盡的科學向前進程導向一

2019年12月20日腦科學研究中心深耕計畫成果研討會暨年度海報展，江安世院士（左七）與眾多相關領域學者受邀出席。

個好的方向，我們不能因為無知而一昧拒絕科學的日新月異。藉由科普資訊的普及，希望更多的年輕人可以了解科學世界正在發生的事，以及一同投入使之正向發展。

現在的科技快速發展，需要各行各業的人一起去解決大自然的各種問題以及創造無數個生存的方法。院士很自豪地說，他的團隊超級跨領域，有生物、物理、光電、人文、電機、哲學等，從不同的角度切入，也在不同的領域上帶動更多的人。世界的運行、人類的探索，本就不是單一一個人、一種人、一個領域的事，是大家攜手合作的目標與成果。

微小貢獻，巨大進展

　　「我從來沒有想說要做什麼，就是很單純的，理解腦袋的運作，這是唯一的目標。」為了要理解腦袋的運作，江院士的團隊用了很多方法，包括利用果蠅的腦神精細胞總數較少來研究全腦細胞的湧現特質（emergent properties），例如記憶的形成、儲存與提取，這些特質無法於個體細胞完整發生，而需群體腦細胞的互動方能產生的行為。理解全腦神經網絡湧現特質所需要付出的代價，用果蠅腦比用鼠腦簡單得多，用鼠腦又比用猴子腦簡單得多。「我們不可能去用人腦，但不代表現在對於動物的認識，不可以用在人的身上。先用小動物研究腦神網絡運作的基本運作原則，可能是理解複雜人腦運作的捷徑。」

　　鎖定最終目標，江院士帶領他的團隊一步一步前進，目前有兩個重要的階段性目標：第一、重組果蠅全腦的神經連結體，並用以理解學習記憶的形成機制，第二、應用果蠅研究的經驗，繪製人腦神經連結體圖譜。人腦很複雜，就用比較簡單的果蠅先做，如果能夠很快速的完成，自然就有更多的時間、資源去挑戰終極的目標。在這個過程中，他坦言完整人腦神經連結體圖譜可能一輩子也達不到，也不是一個人一步就可以達到的，能領先完成一小部分就已經是歷史性的突破了，這就是科學。

　　2016年，江安世院士受邀為美國腦神經科學年會的會長特別演講發表大會演說，那一年，與會有35,000多位科學家，當中有不少國際知名腦神經科學家，比較癌症年會一年大概有三萬名科學家參加，從比例上就可以得知對人腦功能的興趣與重要性。在腦科學領

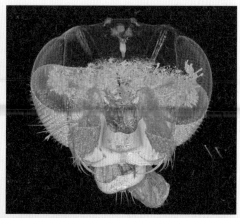
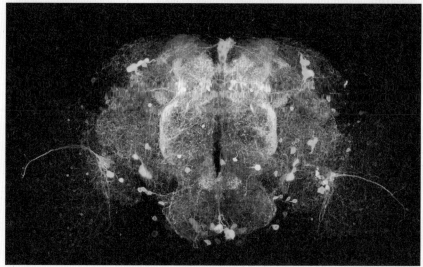

2016年江安世院士受邀去美國腦神經科學會年會發表演說的 。
（江安世院士提供）

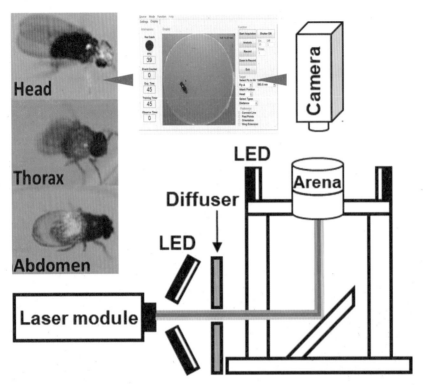

在江安世院士的實驗室裡，已經可以遙控果蠅做出指定的指令。（江安世院士提供）

域，任何一點點新的貢獻，都是很重要的貢獻。

　　江院士的實驗室也是第一個在《SCIENCE》期刊上發表長篇論文的臺灣團隊。果蠅腦袋有135,000個神經細胞，他們觀察到當果蠅記得一件特殊的事情時，只要其中幾顆少數細胞的蛋白質合成，改變它的迴路，就能記得那個事件。而人腦是不是這樣，就等著眾多的科學家一起合作，去理解人腦結構基本的運作模式。

　　學習記憶是腦袋最核心的功能，如果沒有記憶，人類可能連自

已存在都不知道。人文哲學最愛問「存在」及「意識」，而目前，科學家對果蠅是否知道自己存在或有沒有意識都不知道，還有很多基礎的問題等著我們去找答案。記憶，是一個集合起來的產物，想解開這個難題，人類必須先知道腦的網絡結構再理解他的機制，那些細胞分別如何工作、在哪工作，再全部合起來。「這天也許會比我們想像的還來得早，因為我們現在可以遙控腦袋了。」

遠離核心，可見未來

科學世界正在不斷更新，未來其實已經觸手可及。「我舉個例子，詹姆斯・杜威・華生（James D. Watson）在1953年拿到諾貝爾獎，他發現基因的核酸序列是用什麼樣的雙螺旋結構形成的。他應該是現在活著、對人類生醫發展影響最重大的。」詹姆斯・杜威・華生拿到諾貝爾獎以後，從哈佛轉到冷泉港實驗室，在那邊帶領一個基金會的科學家，研究生物醫學的各種疑難雜症，尤其在腦科學和癌症，可以說是先驅者的先驅。江院士在20年前到冷泉港實驗室學習，那之前從未使用過果蠅為實驗對象，也不知道該如何使用。冷泉港實驗室人雖少，但是如今是分子生物的發源地。

詹姆斯・杜威・華生發現DNA是雙螺旋以後，在冷泉港實驗室開辦高階的分子生物實驗，從此才有了分子生物學。舉例來說，COVID-19最一般的檢驗方法是用PCR，把核酸的序列複製後定序，而能夠做到複製基因序列的技術就是起源於詹姆斯·杜威·華生和他的冷泉港實驗室。十年前他來到臺灣，觀察臺灣的科學的發展，從上個世紀，是分子生物學的時代，人類基因圖譜可以說是上

個世紀最重大的突破，分子生物學家完成了人類基因圖譜的定序。
這個世紀開始，是腦科學的時代。

2012年，科維理基金會（Kavli Foundation）開辦一個關於未來
科學腦力激盪的會議，召集了數十位奈米科學家及神經科學家。開
會的結論是，按現在的科學技術，人類科學家已經足以合作解答出
腦運作的方式。隔年，他們將此計劃送進美國白宮，美國總統歐巴
馬宣告人腦的起始計劃，在YouTube也可以搜尋到相關資料。

歐巴馬在他的國情咨文中， 提到上個世紀美國聯邦政府投資
的兩個大計劃。第一大計劃是阿波羅登陸月球計劃，美國政府投
資二十億美金於其中。第二個計劃是，人類基因組計劃（Human
Genome Project），投資了三十億美金。從國情咨文中可見，此計
畫每投資一塊錢，回收82塊，於是他同意了這個計劃。他說腦起始
計畫（BRAIN Initiative Project）對人類息息相關，當時投資的是
四十五億美金，一下子過了七年，至今，我們回頭看，私人的基金
會合起來，估計超過一百億美金。除了美國，中國也正在積極投入
此項目，然而臺灣卻仍有很多人毫不知情。

「人類基因圖譜計劃將會改變人類生命的方式，腦計劃在下一
個世紀，可能逐漸會改變人類的生活方式，因為大腦跟電腦連線，
很多行為將全部被改變。」不只如此，實驗室中的科學家已經可以
透過控制果蠅的腦特定細胞的活動，來改變它的行為、甚至控制睡
眠、學習記憶及壽命等。江院士慨嘆臺灣多數人都沒有對科技世代
來臨的警覺性，在實驗室發生的事，很快地也會發生在我們的社會。
儘管不會發生在現在，也不會發生在明年，但是可以預期將會發生
在我們的下一代，是可見的未來，因此我們必需更敏銳和警覺。

江安士院士的近照 （教育部《高教創新》，劉國泰攝）

萬物靜觀，不悔人生

在訪談的尾聲，江院士以宋朝的詩人程顥的「萬物靜觀皆自得，四時佳興與人同。」勉勵年輕世代。仔細去觀察春夏秋冬的改變，各式各樣的事情都一樣，每個時節都有它特殊的地方，冬天也有它的美麗，春天也有它的蕭瑟。這每一個個體，都有它的各種特殊性，要去學著和別人一樣是件難事，但是要比自己的昨天更好一點，每個人都可以做得到。如果每天都在自己的領域裡做自己喜歡的事情，每天都比昨天來得更好一點點，多年累積以後，便有機會在屬於自己的舞台上閃閃發光，並希望每一個人能有好運，在自己喜歡的事情上，活一個不後悔的人生。

以有限化無限
臺灣太空科學幕後推手

李羅權院士

李羅權院士

簡 歷

● 現職
中央研究院地球科學研究所客座講座

● 當選院士屆數
第24屆（2002年，數理科學組）

● 學歷
國立臺灣大學物理學士（1969）
美國加州理工學院物理碩士（1972）、博士（1975）

● 經歷
美國太空總署哥達研究中心研究員（1975-1977）
馬利蘭大學客座助理教授（1977-1978）
阿拉斯加大學物理系教授（1978-1995）
國立成功大學物理系教授兼理學院院長（1995-2001）
國家太空計畫室首席科學家（1997-2001）、主任（2001-2004）
國家實驗研究院首任院長（2003-2006）
國立中央大學校長（2006-2008）
行政院國家科學委員會主任委員（2008-2012）
中央研究院地球科學研究所所長（2014-2017）
中央研究院地球科學研究所特聘研究員（2012-2017）

● 專長
物理、地球物理學

●榮譽

日本東麗科學基金會會士（1986）

Terris Moore Award in Space Physics (1987)

傅爾布萊特計畫傑出學者（1988）

阿拉斯加大學Emil Usibelli 傑出研究獎（1994）

傑出人才發展基金會傑出人才講座（1996-2001）

教育部學術獎（2001）

World Technology Network (London) Fellow (2003)

總統科學獎（2005）

世界科學院院士（2006）

國際宇宙航空學院（IAA）院士（2007）

俄羅斯國際工程學院院士（2011）

錢德拉塞卡電漿物理學獎（2017）

中華民國科技管理學會第19屆科技管理獎（2017）

美國國家工程學院外籍院士（2018）

李羅權院士於2021年5月8日接受採訪。

「科學研究不能只跟著別人做，如同愛因斯坦發明相對論，不可能有人說是第二個發明相對論，也就是『科學只有第一』。」

李羅權院士1947年出生於臺灣彰化縣田尾鄉，畢業於臺灣大學物理系、美國加州理工學院物理碩士、博士，專精於物理、太空物理及地球物理學。現任中央研究院地球科學研究所客座教授、中研院院士，曾任美國太空總署研究員、世界科學院院士、美國國家工程學院海外院士、行政院國家科學委員會主任委員等諸多國內外科學相關委員會之委員，亦曾獲得總統科學獎、教育部學術獎、錢德拉塞卡電漿物理學獎等諸多殊榮學術研究成果獎項。

除了在科學研究上不遺餘力，李羅權院士斬獲許多國際知名學術獎項，坐擁豐碩科學研究成就，對於教育界的貢獻，亦是居功厥偉。曾經出任諸多大學的客座教授，包括國立成功大學理學院院長、國立中央大學校長，對於教育學生、學研環境的提升與改善，積極投入心力。其豐厚科研成果，及在教育界的付出，對於世界科學界有著卓越的貢獻，為我國極具知名度的物理科學家。

仰首可見的星星，觸發興趣研究天文奧妙

李羅權院士在彰化縣鄉下的一個小家庭長大，是一名不折不扣的農家子弟，經常要幫家中處理農務活，為父母分擔生活壓力。同時，亦不能荒廢學習，卻又擔心負擔電力的費用，而鮮少利用晚上時間讀書。連電燈都捨不得使用，更不用提送去補習班加強課業。因此他在求學階段，所獲得的資源並不多，在鄉下長大，沒有太多

的空間去思考學習是否困難，畢竟能夠讀書就很不錯。

　　若是在農忙時期，李羅權院士更是一大早就要起床，去田裡幹活，天濛濛亮，路上只有漫天的星辰相隨。當時臺灣不像現今有嚴重的光害，天上的星星總是顯得格外光亮。對於仰首可見的閃爍著光芒的星星，讓從小與大自然為伍的李羅權院士產生極大的興趣，尤其是父親曾經教過如何利用星星的方位來判讀時間。這些小時候的農村經驗，啟發興趣探索天文奧妙，為未來投入太空物理相關研究埋下伏筆。

自主學習態度，造就不凡科研之路

李羅權院士高中時期就讀彰化高中，幾乎都是依賴自發性，督促自己做習題、看書、理解。他認為讀書不是死記硬背，而是靠理解，唯有自己真正了解，知識才會內化為己用，並非為了考試而背誦的短暫記憶。他以數學為

李羅權院士就讀臺大時，於公館附近的新店溪旁寫生。

例，只要融會貫通，每次的習題都可以做出來，就不必特別準備考試，也可以面對自如、游刃有餘。

除了依靠適合自己的學習方式，李羅權院士也十分強調自我求知的重要。國中時候，他在書店買到一本《范氏大代數》，利用暑假的時間自己閱讀，從中認識公式如何推導，隨著內容一步一步系統性地吸收書中知識，而且樂在其中。因此在高中學習代數、或是解析幾何之時，他已經先一步學會了，課業更是能輕鬆應對。學習是來自於自己「想知道」而產生的好奇心，這股推動力總是能讓人主動求知，並且樂此不疲。

滿滿的求知慾，加上以理解為主的學習方式，讓李羅權院士的成績始終名列前茅，更是在競爭激烈的彰化高中以第一名的成績畢業，保送進入臺大，就讀物理系。至此，離開家鄉，北上求學，正式邁向科學研究之路。

理科的大學生活，卻培養人文藝術興趣

就讀臺大的李羅權，依然延續著國、高中時期的學習態度，更是勤勉過人。當時大一的物理課程有一本很厚重的教科書，每一章都有四十多題的練習題，雖然老師指定七、八題自行練習做，但是李羅權院士每一題都做一遍，展現對於學習的自主與熱忱。自學與理解對於數理是極為重要的，藉著一遍又一遍的複習與練習，穩固正確的基礎，修正誤解的地方，才能將知識完全吸收。

當時李羅權院士不止只著重課業上精進，更是多方培養興趣，對人文藝術也非常感興趣。他積極參與社團活動，加入美術社，透

過社團指導老師介紹的藝術史，接觸各種風格流派，作品背後的故事都讓李羅權院士聽得津津有味。他經常到圖書館去借閱相關書籍，尤其是關於藝術與文學的書刊，可以在做功課的閒暇之餘，信手揀擇幾本，作為放鬆身心的不二管道。

週末假日，白天常去戶外寫真畫畫、參觀畫展，晚上就在畫室畫石膏像、看些藝術史的書，再向老師請教及討論。李羅權院士覺得藝術非常迷人，更曾經在某個學期大概花了一半的時間在畫圖。然而學習人文藝術的機會屬於自己爭取，學校不會特別教授，必需靠自己多看書多往外見識。大學時期培養的興趣延續至今，從科學跳躍到人文藝術，是現在李羅權院士經常從事的休閒活動之一。

厚植學問，培育學術研究能力

1969年，李羅權院士取得臺大物理系學位，隔年前往美國加州理工學院物理研究所攻讀碩士。在美國讀書的時候，認識一位同學艾倫・萊特曼（Alan Lightman），現在是美國知名的理論物理學家。以前他們一起上課、做研究，艾倫・萊特曼除了在物理方面有很高的造詣，同時他的寫作技巧亦是極為純熟。在畢業之後，發表了六部小說，大都是跟科學有關係的，其中在1993年發表的《愛因斯坦的夢》（Einstein's Dreams）更是成為全球的熱門暢銷書。

對於這位極具名氣的同學，李羅權院士有感而發，反思臺灣學校對於寫作與思辨的訓練太少了。在美國，小學老師會與學生討論題目，並讓他們自行到圖書館搜尋資料，寫下心得。因此學生從小就在收集資訊、分析、寫作等能力上都得以培養，反觀臺灣多從大

學才開始訓練。

　　常規的學習又常與考試及課綱緊扣，然而考試沒有罪過，只是更應該配合學生的學習。到底學生要具備怎樣的能力，又要如何評核這些能力？例如語文的學習中，如果考試只考課綱的讀物，大部份的學生就只會閱讀所規定的內容，反而限制了學習。因此他認為語文不應該有課綱，考試方式也要以對文字、對書的了解為主，需要大量閱讀，才能真正的提高對文字的熟練度、敏感度。李羅權院士又再以美國的學術水準測驗考試（SAT）、美國研究生入學考試（GRE）舉例，若要準備這些考試，更是要有大量及廣泛的閱讀經驗，依靠長時間的學問積累，自行吸收理解新知，再去面對考試就可以輕鬆通過。

學好基本功
文理跨域人才的培養

　　李羅權院士自1972年前往美國加州理工學院讀書，1975年取得博士學位，旋即進入美國太空總署哥達研究中心擔任研究員，之後輾轉到了馬利蘭大學與阿拉斯加

李羅權院士休閒時喜愛釣魚或網魚，圖為1990年夏天在阿拉斯加捕獲的帝王鮭（King Salman）。

2009年4月25日李羅權院士與夫人 一同攀登玉山主峯。

大學教書，最後在1995年，返臺任教於成功大學，多年經驗下來，
他認為學習科學還是該由基礎出發。

　　數理是理工相關科系的最重要基本功，必須學得夠扎實，日後
無論是在應用，還是理論方面，才會得到更優秀的發揮。頂尖學府
如美國的哈佛大學並沒有獨立的工學院，但訓練出來的工程師基本
功深厚，有能力涉足不同領域；又或是達特茅斯大學（Dartmouth
University）歷史悠久，該大學的工學院學生前兩年的主要課程與
理學院基本上相近，著重數理基礎的鍛鍊，在穩固的地基上建築工
學院專門知識及應用。因為一切的應用工程，都是要以基礎科學研
究當成根基。唯有讓學生接受良好的數理能力培養，未來才可以廣
泛應用在各個領域之中，更能實現跨域運用。

　　除了理工的跨領域，李羅權院士點出了臺灣長大的學生大都難

以跨越文理間的鴻溝。本地的學生在高中時都要面臨「分組」難題，然而求知慾最強的時候通常是在國中、高中階段，學生很可能跟隨著分組的學制，減少學習其他範疇，這是非常可惜的事。反觀美國幾乎都是不分組、不分流，在進入大學之前，學生都是廣泛地學習，文理兼備。再綜合前文所提到的寫作以及思辨能力的訓練，使得國外不乏擅長寫作、又具理科背景的作者，如《混沌：創造新科學》及《費曼傳：1000年才出一個的科學鬼才》的作者詹姆斯·格萊克（James Gleick），這種人才在臺灣環境中則非常的罕有。

也許是察覺到世代更需要跨領域人才，因此教育制度也在不停的革新，漸漸的改變，也期望灣的教學環境一步一步的改善與進步。

選對人才，選對題目，帶領臺灣太空科學追求「第一」

1995年，在美國任教將近20個年頭的李羅權院士，受成大邀請返臺演講，並且接下成大的教職工作，擔任理學院院長。藉著在美國所學，幫助臺灣學術界成長，提升科學研究成果。秉持著這樣心態，李羅權院士在1997年進入國家太空計畫室，成為首席科學家，後來更接下主任一職，帶領臺灣在太空觀測領域取得前所未有的進展與成效。

臺灣第一顆人造衛星「福衛一號」在1991年順利升空，主要監測臺灣上空之海洋水色、電離層。李羅權院士返臺進入太空計畫室之後，接手「福衛一號」的種種運作任務與科學研究，還負責了「福衛二號」、「福衛三號」的設計規劃以及發射準備等等的重要工作。成為臺灣太空發展至關重要的幕後推手，遠近馳名。

　　由於李羅權院士深知「科學只有第一」，因此所做的科學研究、實驗，都是要具有創新性的計畫。科學研究不能只跟著別人做，如同愛因斯坦發明相對論，不可能有人說是第二個發明相對論，也就是「科學只有第一」。如果想要讓「福衛二號」成為「第一」，就必須要做其他人還沒開始做的研究。

　　於是「福衛二號」的任務是監控臺灣本島及附近海域，並在晚上觀測高層大氣閃電現象，就是研究向上的閃電，這又稱「紅色精靈」，不同於一般由地面所見的白色閃電是帶電雲團向下放電的結果，而是由帶電雲團於高層大氣向上釋放的紅色閃電。這個領域在當時還沒有其他國家開始研究，也因此這個領域臺灣的研究團隊獨步世界、傲視全球，李羅權院士功不可沒。即使如今已經正式除役、功成身退，然而這十餘年來所測量的資料，到現在還是珍貴的研究資料，可見其重要性。

　　之後成功發射的衛星「福衛三號」，主要任務為進行全球氣象預報、氣象變遷研究、電離層動態監測，對天氣跟太空研究的貢獻極大，約有八十多個國家、三千多個人和研究團隊登記使用測量的資料；此後，七號接續三號的任務，五號接續二號的工作。每一支火箭都有不同的需求，把觀測的儀器送上去，再把資料傳送回來，這些珍貴的觀察內容也大大的有利於本地的科學研究發展。

　　追求「第一」的科學，但資源是有限的，如何把握這些「有限」，轉化為「無限」，這些都是領導者需要思考的。李羅權院士坦言無論在任何地方、任何崗位做事，都會遇到有限的條件，以有限的人力，好好的激發及帶領整個團隊就變得極為重要。當初在太空計畫裡，每位成員都想為臺灣出力，因此士氣非常好；每位成

2011年李羅權院士出席由行政院國科會主辦的《未來科技狂想曲》特展活動。

2011年丁肇中院士也參加《未來科技狂想曲》活動。

員長處也不一樣，把他們安排在適合的地方，更可以盡情發揮。決策者也必須要有學識有遠見，把好的計畫延續並推展，不時檢討，才能把資源放在最好的地方。在有限的條件環境下，找到適當的研究題目，以及適合的科學人才，齊心協力，也可以大有成就，領先世界。

發現、解決問題，科學家肩負神聖使命

近幾年以來，李羅權院士開展了多方面的研究，從如何利用熱融合來解決能源短缺的世紀難題、到如何透過地震的前兆預測，甚至是太陽風的機制研究等，上天下地。李羅權院士親身展示了基本功融會的伸延，因著對電磁學、電動力學、量子力學、原子核、統計力學等領域深入理解，才能應用到不同的方向。透過觀察自然現象，持續投入心力在研究上，發現還有許許多多的問題沒有得到解決，並從中找出數個核心的問題。不難發現這些題目都和人類目前遇到的問題息息相關，如能源問題、天災問題等，李院士把問題放在心裡，把發現放到腦袋裡，持續不斷研究，說不定某一天靈感湧現，可以把長期困擾的問題解決，從而造福人類。

作為科學家肩負的任務及使命，李羅權院士鼓勵後來者即使面對於那些長年仍無法解決的問題，也一定要保持好奇心。不管是任何領域的研究，都要持續不斷的觀測、觀察，持之以恆的努力，不要畏難、不停提問、不斷思考。再者，要去發現新的問題、好的問題、大的問題，這些都是對社會有影響的重要問題，如1957年已開始研究全球暖化的問題，對地球影響至深，延續至今仍然需要繼續投入。儘管很多科學問題未能在當下解決，但在眾人合力及年月研究下來，

總有一天可以有成就，這就是每位科學家共同肩負的神聖使命。

資訊流通迅速，深入學習是學生必備

如今的學生，身在資訊廣泛流通的世界，要學習的知識也隨之增加，這是好事同時卻也是壞事。因為資訊足夠多，可以吸收非常大量的知識，但是也容易流於表面的知道，而非是深入的學習與認知，導致知道的很多，卻都不深入。也因此李羅權院士寄語同學不管是哪個科系，都必須把基本課程、基本功鍛鍊好，之後其他的跨域學習就容易展開，輕鬆面對更多的挑戰，也可以應用到各個方面。否則，資訊只會變成通識，難以有好的發揮。

除了基本功的訓練外，李羅權院士也建議同學要讀經典的著作，因為經典著作，都有很深度而準確的論述，可以幫助我們快速掌握重點，而不會偏離要旨。在這個資訊流通迅速的世代，更要慎選好的材料，在這個原則下既要廣，也要深，大量閱讀才能融會貫通，深入學習才能使知識扎根。

李羅權院士進入國家太空計畫室，大力推動我國在太空科學領域的研究與發展，規劃且設計衛星「衛福二號」、「三號」的運作，居功厥偉，享譽國際。他回首過去，強調數理基本功對於科學研究的重要性，不容忽視，無論是在各個領域，基本功都要打好。再加上大量且不設限的閱讀，累積知識實力，培養思辨能力，抱持好奇心，發現問題並想辦法解決。這一切是經得起歲月的人生寶貴經驗，他期許年輕人勇敢追求理想，利用科學研究為人類社會付出貢獻，為臺灣創造出更多的「第一」。

中研院院士的十堂課

探索之路

編輯小組

陳佩欣

那曾靠著新理論撼動世界的著名科學家牛頓，曾説過一句著名的話：「如果我看得比其他人遠，是因為我站在巨人的肩膀上。」如同他所提到的，我們都是站在前人們的肩膀上探索世界！

每次的訪談中，透過同學以不同角度提出問題，讓我們能夠深刻感受到院士們眼中的世界是什麼樣子。不同於世人想像科學家們的不苟言笑，院士們的回答充滿著個人特色，説起各自的研究時，有人口若懸河，也有人字字珠璣，但不變的是對話之間流露的熱忱以及堅定不移的信念。

期望這本書不僅感動我，也能深深的打動你，並對所有的讀者能夠有所啟發，一同站在前人的肩膀上。

陳麗君

記得上年差不多這個時候加入這個團隊的首個週六，就跟著出訪，還沒回過神，訪談及編輯成書的任務就交付到我手上。花了不少時間摸索，雖然沿路跌跌碰碰，但也很慶幸總是獲得受訪院士的海量、院士助理們的協助、主持人葉老師的包容及信任、合作夥伴們及學生的同甘。

發刊在即，回想起來非常榮幸能參與大師訪談及此書的編輯工作，能夠親身去跟這些大師們互動實在是畢生難忘的經驗。每次聽院士的故事，都會受到他們對科學熱情所感染。院士們總是説得輕描淡寫，但當中的認真、勤奮、不屈、堅持、勇氣，全都讓我敬佩不已。多位受訪院士異口同聲的寄語「擇你所愛、愛你所擇」亦是讓我一直反覆思考的一句。

希望閱讀此書的你也能在文裡行間找到觸動你的，讓大師引領你走這趟探索之路，陪你尋找往後的方向。

彭莉雅

在每次的談話中，總能聽到觸動人心的故事，希望能將這種心情傳達給所有的讀者們。

每位院士口中娓娓道來的，不僅僅是一段往事，而是生命歷程中歡笑與淚水。這些迥然不同的經歷卻殊途同歸，擁有不同經歷的人們皆共同在學術界發光發熱。

在訪談的過程中，常使我想起《大學》開篇所述：「知止而後有定；定而後能靜；靜而後能安；安而後能慮；慮而後能得。」成功並沒有捷徑，惟如此方能收穫。諸位院士肩負著承先啟後的使命，為推動臺灣文化、科學的發展不遺餘力，希冀他們的經歷能成為學子們照亮前路的燈塔，不論前方是坦途或荊棘都能勇敢的繼續前行。

這次順利地將訪問集結成書，需要再次感謝願意接受訪問的院士們，以及協助此計劃的所有工作人員，但願讀者們能從此書中得到些許啟發或感動。

採訪小組

邱舒妍

先前對於採訪完全沒有經驗的我，從高中時期就很躍躍欲試，在大學偶然間看到了天文所的徵人貼文時，便毫不猶豫的送了申請，也因此得到了難得的經歷。為了採訪大綱，訪談前必須先了解受訪者的生平經歷、問題才能切中要點，而主訪者更是在訪問過程中必須抓緊問題核心、或是能夠隨著受訪者的說詞流暢的深入挖掘，而側訪者捕捉所有訪談時的畫面，整理逐字稿時也是對於院士更深一層的理解，這些都是沒有經歷過訪談便沒辦法切身體會的。

了解在臺灣舉足輕重的院士的經歷，甚至有幸常面訪談對方，積累自己與人溝通、以及訪問的能力；在每一次的問答來回間都讓我更明白，詢問有說話的藝術、而傾聽也是一種技巧。

許睿芯

2020年的3月28日我應徵了天文所的工讀生，履歷上我寫著，我以成為一個具有正向影響力的人為目標，藉著多方的嘗試正在努力，我對科學方向的新聞報導或是科學傳播一直都非常感興趣，因此想要爭取這次機會，我想這次的採訪工作我是好好把握住了。

在TTSS有很棒的夥伴、助理和葉老師，見識到很多很厲害的科學家，採訪他們的故事，自己也從中有所體悟，我想這也算是成長吧！現在工作也到了一個段落，非常感謝也很開心！

我想下次機會又在我面前時，我會比這次更毫不猶豫並且更加珍惜！謝謝夥伴幫我拍美美的照片，挑照片挑的好開心！

黃 名

還記得採訪中，印象最深是採訪「陳建德院士」的國家同步輻射之旅，在那裏，我在院士身上看見了不同於我對科學家的想像！除了院士在科學研究方面的卓越外，在信仰與哲學思想上更是如此迷人，這些他心中的信仰彷彿是生命的能量，驅動著科學齒輪的推動，在研究的繁忙之餘，院士並沒有忽略掉那些生命中的巧合，反而

我看見了當生命的熱忱延伸到了研究時，許多的巧合與巧思都化作一幅幅詩篇，我雖然只是一個採訪者，卻體驗到了超過過去的經驗，甚至將這樣的故事記錄的當下，我深感榮幸！

葉儀萱

很開心自己可以參與這次的大師訪談計畫，身為一個文組生，在蒐集大師背景資料的時候，每每都必須加倍仔細，深怕自己這個門外漢準備不足。那些浩瀚的宇宙、複雜的算式、縝密的期刊論文，對我來說都好遙遠，但是，在研究者身上看到的理性浪漫卻又那麼迷人，論及天地萬物時，那種篤定和謙虛的樣子，實在是讓人敬佩。謝謝一起參與計畫的天文所辦公室成員，訪談夥伴，也謝謝每一位不厭其煩指導我們的院士們。希望我們撰寫的稿件與採訪內容能夠給予讀者正向的精神與啟發。

盧沛岑

今年是參與大師訪談的第二年，從一開始面對訪談的生澀到現在慢慢可以在現場觀察受訪者的語調、情緒等，透過和夥伴彼此的配合、交流，自己在各個層面上都有所進步。透過大師訪談每次接觸不同的受訪者，讓我有機會了解與本科系不同的領域，該領域現在正進行的議題抑或是與人類社會習習相關的議題，讓自己的視野更加開闊。

也透過與每位受訪者的互動交流，爬梳出自己的優勢及劣勢，也依著每位受訪者不同的個性及調性，更加熟悉人與人間的應對進退，同時也了解到與他人合作的重要性。在訪談過程中，我很喜歡每位受訪者在談論到自己專業領域時發光的眼神，以及激動到比手畫腳的神情，從他們身上看到對於自己專研的事物的熱愛，即使做了幾十年，過程中經歷重重瓶頸，也依舊熱愛，充分體現了「擇你所愛，愛你所擇」。

期許自己未來也能找到熱愛的領域，並能無所畏懼地往前，即使碰到挫折也能持續前進，保有最初的熱愛及熱忱。

國家圖書館出版品預行編目(CIP)資料

中研院院士的十堂課：探索之路/葉永烜主編. -- 桃
園市：國立中央大學, 2022.10
　　面；　公分
　　ISBN 978-626-95497-9-5 (精裝)

　　1.CST: 科學家 2.CST: 傳記 3.CST: 訪談

309.9　　　　　　　　　　　　　　111012024

中研院院士的十堂課

發行人　　周景揚
出版者　　國立中央大學
指導單位　教育部
活動主辦　臺灣科學特殊人才提升計畫辦公室
編印　　　國立中央大學出版中心、臺灣科學特殊人才提升計畫辦公室
主編　　　葉永烜
編輯小組　陳佩欣・陳麗君・彭莉雅
採訪小組　邱舒妍・許睿芯・黃　名・葉儀萱・盧沛岑
撰稿小組　王怡蓁・梁恩維・黃書瑾

設計　　　不倒翁視覺創意 onon.art@msa.hinet.net
印刷　　　松霖彩色印刷事業有限公司

時間　　　2022年10月一刷
定價　　　新台幣280元整
ISBN　　　978-986-95497-9-5
GPN　　　1011101129